Svenja Hofert

Jeder gegen jeden

Svenja Hofert

Jeder gegen jeden

Der neue Klassenkampf in den Unternehmen

REDLINE WIRTSCHAFT

Bibliografische Information der Deutschen Nationalbibliothek

Die Deutsche Nationalbibliothek verzeichnet diese Publikation in der Deutschen Nationalbibliografie.
Detaillierte bibliografische Daten sind im Internet über http://dnb.d-nb.de abrufbar.

ISBN-10: 3-636-01379-3
ISBN-13: 978-3-636-01379-8

Unsere Webadresse:
www.redline-wirtschaft.de

Umschlaggestaltung: www.coverdesign.net
Satz: M. Zech, Redline GmbH
Printed in Netherlande

Für meinen Großvater, Guido Leibel

Inhalt

Vorwort

Liebe Leserin, lieber Leser!

„So schlimm ist es doch in Wirklichkeit gar nicht!" Einige Verlage, denen mein Agent dieses Buch angeboten hat, wollten nicht glauben, dass es das „Jeder-gegen-jeden", den neuen Klassenkampf wirklich gibt. Schon gar nicht wollten sie wahrhaben, dass Mitarbeiter nicht nur die armen Opfer von „Nieten in Nadelstreifen" sind, sondern dass viele von ihnen selbst intensiv am Hauen und Stechen in den Unternehmen beteiligt sind. Ich verstehe diese Reaktion durchaus: Gern trennt sich wohl niemand von der Vorstellung einer schönen heilen Welt. Mag sein, dass es diese in dem einen oder anderen Verlag tatsächlich noch gibt. Aber in den meisten Unternehmen ist oft nichts mehr heil.

Mehr als 50 Mitarbeiter und Mitarbeiterinnen in verschiedenen Firmen habe ich für dieses Buch interviewt. Die meisten haben meinen Eindruck bestätigt: „Ja, das ‚Hauen und Stechen' kenne ich!" Manche machten mir Mut: „Endlich schreibt einmal jemand darüber!" Ob bei großen Konzernen, bei vermeintlichen Top-Arbeitgebern oder im Mittelstand: Das Klima in den Betrieben ist angespannter als je zuvor. Auf einer Skala von 1 bis 5 stuften fast alle der von mir Befragten ihre Unternehmenskultur als schlecht oder sehr schlecht (4 bis 5) ein.

Wenig wird offen ausgetragen. Das Hauen und Stechen spielt sich im Hinterhalt ab. Die einen vergraben sich dort, um nicht gesehen, bemerkt und als überflüssiger „Ballast" identifiziert zu werden. Die anderen preschen gezielt daraus hervor, gerade um Beachtung zu finden; sie drängen dorthin, wo sie die „kampfentscheidenen" Personen orten. Dabei geht es nie um das Unternehmensziel, selten um die Aufgabe als solche. Entscheidend ist nur eines: Wie schaffe ich es, auf dem Arbeitsmarkt zu überleben und das Beste für mich selbst herauszuholen? Wie bleibe ich im Besitz von Arbeit und gewinne die Auseinandersetzung um Jobs und Aufstieg?

Ich habe jahrelang meine eigene Karriere in einem großen Unternehmen vorangetrieben, den hier beschriebenen Kampf selbst erlebt und mich zeitweise auch daran beteiligt, bis ich schließlich in die Selbstständigkeit ausgestiegen bin. Inzwischen bin ich Inhaberin meines Büros für „Karriere & Entwicklung“ und arbeite als Trainerin, Beraterin und Coach im Bereich der beruflichen Neuorientierung, Gründung und Karriereentwicklung. In dieser Funktion habe ich mit Unternehmen zu tun, die mich beauftragen, wenn sie Mitarbeitern in der eigenen Firma keine Perspektive mehr bieten können. Meine Aufgabe liegt dann darin, neue Perspektiven zu entwickeln. Meine Auftraggeber sind aber auch Privatkunden, die auf der Suche nach neuen beruflichen Wegen zu mir kommen. Sehr oft geht es dabei vor allem um eins: um die Suche nach einem erfüllenderen und menschlicheren Arbeitsumfeld, das ich zu finden helfe.

Von meinen Kunden höre ich immer wieder etwas über die brutalen Seiten unserer Arbeitswelt, über den Klassenkampf und das ewige Streben nach dem eigenen Vorteil auf Kosten der anderen. Ich höre aber auch von Menschen, die sich am Jeder-gegen-jeden nicht beteiligen, sich ihm geradezu entgegenstellen. Und ich spreche mit Managern und Firmenchefs, die das Jeder-gegen-jeden gar nicht aufkommen lassen. Auch davon gibt es viele, doch leider sind diese (noch) in der Minderzahl.

Dass ich neben den Interviews auch einige Fallbeispiele einbinden durfte – selbstverständlich anonym –, dafür danke ich jenen, die mir gerne grünes Licht gegeben haben, herzlich. Ebenso wie für die offenen Interviews und das Vertrauen, dass ich alle Informationen sorgsam und anonym behandeln werde.

Der in meinem Buch beschriebene Kampf ist der neue Klassenkampf, die Auseinandersetzung um Arbeit in einer egoistischen Wissensgesellschaft. Es ist der Kampf um den Besitz von Jobs, den diejenigen gewinnen, die über Wissen verfügen oder dies zumindest vortäuschen können. Nicht um Produktionsmittel dreht sich dieser Kampf, nicht um das Kapital der „Ausbeuter“, sondern um die

Wegbegleiter des Wissens, um Macht und Einfluss. Im Zentrum steht eine Auseinandersetzung zwischen den Job-Gewinnern und den Job-Verlierern, die so hart ist, dass sie letztendlich jeden mit jedem konfrontiert.

Dieses Jeder-gegen-jeden findet auf allen Ebenen statt. Chef gegen Chef, Mitarbeiter gegen Mitarbeiter, Vorgesetzter gegen Untergebenen, Aufsichtsrat gegen Vorstand, Arbeitslos gegen Arbeitbesitzend, Bewerber gegen Bewerber, Politik gegen Bürger, Führungskraft gegen Führungskraft. Im Geheimen tüfteln die Gegner ihre Strategien und ihre Guerillataktik aus, die Wissens-Macht-Einfluss-Basis zu nähren und das eigene Überleben am Arbeitsmarkt zu sichern.

„Ich hätte nie für möglich gehalten, dass es wirklich so ist", sagte eine junge Führungskraft im Interview. „Du musst jeden Schritt planen und immer damit rechnen, dass jemand aus dem Hinterhalt vorprescht, um dich aufzuhalten. Die Fallensteller lauern überall." Das Unausgesprochene ist das wirklich Brutale in diesem Kampf. Jeder gibt vor, etwas anderes zu meinen, niemand spricht offen aus, wie es wirklich ist, wie es in Zukunft sein wird und welche simplen Mechanismen die Arbeitswelt und damit uns alle beherrschen ...

„Es muss endlich einmal jemand sagen, wie es wirklich ist." Diesen Satz habe ich oft gehört, und Besserwisser-Ethiken mit rein theoretischen Fallbetrachtungen gäbe es bereits genug. Das finde ich auch: Deshalb beschreibe ich das Jeder-gegen-jeden mit vielen Beispielen, die sich tatsächlich so zugetragen haben. Ich nähere mich zunächst dem System Unternehmen, um dann auf das nicht immer förderliche Wirken der Unternehmensköpfe (der Manager), auf die Krankheit des Karrieremachens an sich und auf die bisweilen peinliche Unkultur im Umgang der Mitarbeiter untereinander zu sprechen zu kommen. Ich analysiere Ursachen und (er-)finde irgendwann das ideale Unternehmen, das vielleicht nicht von dieser Welt ist, es aber sein könnte. Schließlich beschreibe ich eine einfache gesellschaftliche Lösung, die antikapitalistisch erscheint, es aber nicht ist – und komme dann auf viele flankierende Maßnahmen und Konsequenzen, die jedes Unternehmen, jeder Manager und vor allem auch jeder Mensch im Interesse eines faireren und effizienteren Berufsalltags aus dem neuen Klassenkampf ziehen kann.

Denn Kämpfe gibt es auf dieser Welt schon genug.

Svenja Hofert im August 2006

Prolog

Vor sechs Jahren habe ich das Schlachtfeld „Konzern" verlassen. Nur eine einzige durchwachte Nacht benötigte ich für meine Entscheidung. Dann wusste ich, was ich wollte: auf meinen Arbeitsplatzanspruch und auf all die staatlichen Zuckerstückchen wie Arbeitslosengeld und Überbrückungsgeld verzichten und selbst Unternehmerin werden. Auf alle die nicht hören, die mir nahestanden, und nur meinem inneren Kompass folgen.

Zu diesem Zeitpunkt war ich schwanger und ausnahmslos jeder hielt mich für verrückt. Den Säbelrasslern warf ich die Kündigung auf den Tisch, freute mich über das verdutzte Lächeln und wusste sofort, dass alle mich an nur einem Ort sahen: im Kinderzimmer beim Babyschaukeln. Und dass sie nebenbei richtig erleichtert waren: So kostengünstig waren sie andere Mitarbeiter und speziell Führungsnachwuchsmütter nicht losgeworden. Zudem hatte sich die Schlachtordnung für die Nachfolge auf den in Kürze vakanten Posten meines Chefs damit en passant verschoben. Ich müsste nicht berücksichtigt werden.

So konnte ich beobachten, was anschließend geschah: Nach einigen Wochen Suche führte der designierte Nachfolger meines Chefs – nennen wir ihn Peter X. – mit dem Marketingleiter (Meik M.) hinter verschlossenen Türen eine kriegerische Auseinandersetzung. Es ging um die Größe seines künftigen Machtbereichs. Gerne hätte er die bisherige Machtbasis übernommen, das wollte der Marketingleiter aber nicht.

Die Rollen waren ungerecht verteilt. Der designierte Nachfolger war ein eher langweiliger Ingenieur mit eingeschränkten Kommunikationsfähigkeiten und völlig ohne Lobby im Unternehmen. Mir war sofort klar, dass er allein schon wegen seiner unbeeindruckenden Art gegen den Marketingleiter den Kürzeren ziehen musste. Ein junger Vorstand aus dem achtköpfigen Board, von dem ich bereits geahnt hatte, dass er sich einst dank seiner flexiblen Cleverness irgendwann als Vorstandsvorsitzender über alle anderen erheben würde, stand hinter dem Marketingleiter. Beide hatten sich entschieden, die Macht der ehemals einflussreichen Abteilung mit einem kräftigen und entschiedenen Griff an sich zu ziehen.

Das wahrscheinlich stille Abkommen dahinter: Wenn er, der junge Vorstand, dem Marketingleiter Meik M. helfen würde, die eigene Machtbasis auszubauen, wäre er damit sein Karrierebeschleuniger. Aus Dankbarkeit würde Meik M. dem jungen Vorstand gegenüber loyal sein und bei den eigenen Vorhaben unterstützen. Solche Abkommen sind in der Managerwelt üblich. Lange habe ich deren Zustandekommen in Kneipen und Nachtlokalen vermutet. Letztendlich ist es so: Einer hilft dem anderen, die eigenen Karriereziele zu erreichen und der mit den besseren Verbindungen gewinnt – all das geschieht ohne viele Worte.

Eine interessante Beobachtung für mich war, dass Machtkämpfe im Unternehmen nicht selten Stellvertreterkriege sind. In vielen Fällen stehen nicht die Initiatoren an der Front, sondern „Spielfiguren" wie Vorstandssekretärinnen oder das mittlere Management. Es gewinnt meist der, der die stärksten Vertreter an höherer Stelle hinter sich stehen hat.

Der Ingenieur, der zur Nachfolge meines Chefs ausersehen war, war auch ein Stellvertreter – vermutlich, ohne es selbst zu wissen. Er war bestenfalls für eine Stabsstelle geeignet; seine Persönlichkeit vereinfachte die Entmachtung einer ehedem einflussreichen Abteilung.

Bei dieser – wie vermutlich bei vielen anderen Entscheidungen tagein tagaus – waren keine Sekunde lang inhaltliche Fragen relevant, noch stand je zur Debatte, wie sinnvoll die eine oder andere organisatorische Lösung für das Unternehmen und für dessen Ziele sein könnte. Die Auseinandersetzung kreiste einzig und allein um persönliche Machtinteressen. Wie stark die machtorientierte Prägung in diesem Unternehmen war, wurde mir im Nachhinein anhand der Parkplatzordnung und der Autotypen ganz anschaulich bewusst. Mit etwas zeitlichem Abstand konnte ich verstehen, warum der eine Manager einen Mercedes, der nächste einen BMW und der dritte einen Audi fuhr. Plötzlich wusste ich, was anderen schon von Anfang an klar war: dass das Auto für den Status in einem

Unternehmen mehr bedeutet als der Titel (der Vertriebsleiter fuhr Mercedes). Und da verstand ich plötzlich, dass meine Vorliebe für grüne Rover mit cremefarbenen Ledersitzen meine Vorliebe zum Querdenken spiegelte und Vorbote meines Ausstiegs war. Ein komisches „Spiel"…

Ähnliches hatte ich bereits in zurückliegenden Arbeitszusammenhängen erlebt, einige Jahre war ich in einem mittelständischen Unternehmen, modern wirkend, aber nicht minder machtgeprägt. Konkurrenz wurde, wie in solchen Firmen üblich, geduldet, Kompetenzüberschneidungen waren unausgesprochen erwünscht.

Im Wettlauf um den eigenen Einfluss spielten sich fast comictaugliche Szenen ab. Jung und angestachelt von einer schnellen ersten Beförderung spielte ich mit. Täglich rannte ich Schulter an Schulter mit meinem ärgsten Konkurrenten zum Chef, bemüht den nächsten klugen Schachzug zu tun, der meinen Wettbewerber aus dem Rennen werfen würde. Das führte in einen Nervenkrieg, denn niemand von uns konnte sich seines Einflusses je sicher sein – dafür sorgten die Marionettenspieler ganz oben. So beobachtete ich jede Regung meines Konkurrenten. Bewegte er sich von seinem Stuhl im Nachbarbüro durch den Flur nach unten, sah ich ihn und schoss hinterher – umgekehrt genauso. Das sorgte für stetige Adrenalinstöße, bei ihm wie bei mir. Ich dachte mir gemeine Strategien aus und heckte Kriegspläne aus. Ausgerechnet ich – humanistisch geprägt und gegen Karriere und Krieg eingestelltes Produkt der so gar nicht leistungsfixierten „Generation X".[1] Ich erlag dem Charme der Einflussnahme. Es war faszinierend Macht zu haben, Führungsseminare zu absolvieren und in Besprechungen gehört zu werden. Es war spannend, selbst zu erfahren, *wie* Unternehmen ticken und *wie* man in ihnen Karriere macht.

Aber das Strickmuster für die erstrebte Karriere entpuppte sich als so schlicht, dass ich Gewissensbisse bekam. Ich saß da und konnte nicht fassen, dass man zwölf Stunden nichts tat (außer Sekretärin, Praktikanten und Mitarbeiter mit Arbeit zu versorgen), und dafür bei Jahresgesprächen mit Lob und Gehaltssteigerungen überschüttet wurde. Das Geheimrezept waren die Meetings. Ich lernte: Für die Karriereförderung reicht die Teilnahme an ein, zwei

Meetings am Tag. Bei diesen musste ich am besten energisch auf den Tisch hauen, Zähne zeigen und Ideen möglichst wirksam und selbstbewusst präsentieren. Sehr wichtig war es, regelmäßig eigene Erfolgsgeschichten zu lancieren, am besten per E-Mail mit strategisch gewählten CCs.

Ich entdeckte die Macht der Rede und mein Talent, andere mit Worten zu „besiegen". Karrieremachen war eine große Show. Mit Arbeit hatte das wenig zu tun, es ging primär um das Verfolgen persönlicher Interessen. Dafür ließ ich auch um 20 Uhr noch mein Licht brennen. Zeitgleich wurde eine Kollegin, die nach der Geburt ihres Babys zwar um sieben Uhr morgens kam, dann ohne Mittagspause ackerte, aber schon um 17 Uhr ging, von der Geschäftsführung aus dem Unternehmen gemobbt.

Mein persönliches Fazit nach einigen Jahren als leitende Angestellte gipfelte in einem simplen Karrierezept: Man nehme einen machthungrigen Menschen, gebe ihm einen Hauch von Kompetenz und kombiniere diese mit einem gerüttelt Maß an Selbstdarstellung. In diesem Buch möchte ich diese provokante These durch die Erfahrungen anderer und Beispiele untermauern. Aus zahlreichen Gesprächen weiß ich, dass alles noch viel schlimmer sein kann, und dass ich selbst nur eher harmlose Varianten des Jeder-gegen-jeden erlebt habe. Ich weiß aber auch, dass nicht alles schlecht ist und was in guten Unternehmen anders läuft.

Meine eigene Neuorientierung gipfelte in der Erkenntnis, dass ich lieber selbst entscheiden und eigene Risiken eingehen will als die Entscheidungen anderer durchzusetzen, wenn ich sie für falsch halte. Ich möchte Autos fahren, die mir gefallen und lege auf Status keinen Wert. Es bedeutet mir viel, anderen dabei zu helfen, einen eigenen Weg finden, der zu der Persönlichkeit passt und vielleicht nicht immer der klassische Schritt auf der Karriereleiter ist. Das ist für mich persönlich sinnvoller als eine eigene Angestelltenkarriere – es muss aber ganz sicher nicht jedermanns Fazit sein. Es soll es auch gar nicht. Gebraucht sind schließlich Menschen, die im Jeder-gegen-jeden nicht mitspielen und in den Unternehmen dafür sorgen, dass sich die Verhältnisse wieder zum Besseren kehren.

Der neue Klassenkampf

Wir schreiben das Jahr 2015 und zählen sieben Millionen Arbeitslose. Rund drei Millionen Personen ohne Arbeit (POAs) sind nicht bei der Bundesagentur gemeldet. Sie bewohnen leerstehende Häuser in abgelegenen Dörfern von Ostdeutschland und erwirtschaften in Kommunen Lebensmittel für den Eigenbedarf. Die Regierung fördert die alternativen Lebensformen im Osten, spart sie so doch die Kosten für das längst auf 200 Euro pro Person gekürzte Hartz-IV, das inzwischen die Hälfte des Bundeshaushalts auffrisst.

Seit dem Jahr 2004, seit über einem Jahrzehnt schon, schreiben Konzerne immer größere Gewinne. Alle zwei Jahre entlassen die Großen mehrere Hunderte und teilweise Tausende von Mitarbeitern. So schützen sich die Unternehmen vor dem Zugriff von Heuschrecken und vor der Übernahme durch zahlungskräftige und kauflustige Konkurrenten. Die abgebauten Mitarbeiter finden nur zu einem geringen Prozentsatz neue Vollbeschäftigung. Immer mehr wandern in Ostkommunen ab.

Wer Arbeit hat, ist meist unter 45 Jahre alt und arbeitet durchschnittlich 12 Stunden am Tag. Mehr als 50 Prozent aller Arbeitslosen sind gering qualifiziert. Als Langzeitarbeitslose haben diese kaum mehr eine Chance, je einen normalen Arbeitsplatz zu finden. Ein Kombilohnmodell hat sich als Bumerang entpuppt: Unternehmen senkten die Löhne weiter, die Zeche des Staates stieg stetig. Inzwischen haben es auch die Politiker erkannt: Es kostet mehr Geld, Menschen zu beschäftigen, als diese nach Hause zu schicken. Erste Aufstände in den ghettoisierten Vorstädten wurden blutig niedergeschlagen. Deshalb hat ein Politiker der CDU in der letzten Woche vorgeschlagen, diesen einmal täglich Beruhigungsmittel ohne Rezept zu verpassen. Gleichzeitig äußerte er den Vorschlag, Frauen in Ghettos zwangsweise zu sterilisieren. Diese bekämen zu viele Kinder, was den Staat wiederum zu viel Geld koste. Dafür steckte er viel Kritik ein, bekam aber auch Zustimmung.

Science Fiction oder Zukunftsmusik? Ich bin sicher: Zukunftsmusik. Noch ist es ruhig, geht es uns gut genug, schlafen die Arbeitslosen vor ihren Fernsehern. Noch tobt der Klassenkampf nicht als offene Konfrontation, sondern findet verdeckt statt – mit den Waffen der Unkultur in den Unternehmen. Der Klassenkampf konfrontiert nicht mehr in marxistischer Manier Arbeiter und Arbeitgeber, sondern jeden mit jedem. Nicht mehr der Besitz der Produktionsmittel steht im Zentrum, sondern der Besitz von Wissen. Wissen lässt sich nicht fassen, ist flüchtig, kann vorgetäuscht werden: Aus diesem Grund ist der Kampf subtil und hinterhältig. Wissen ist zunehmend mehr an den Besitz des Arbeitsplatzes gekoppelt. Wer etwas weiß, das ein Unternehmen braucht, um im globalen Wettbewerb erfolgreich zu sein, der hat den Klassenkampf gewonnen. Zugleich muss er aufpassen, dass sein Wissen nicht veraltet oder von anderen abgeschöpft wird. Die Verlierer in diesem Klassenkampf sind all diejenigen, deren Wissen nicht für einen Vorsprung ausreicht, die durch Maschinen ersetzbar sind. Diese Verlierer sind die Proletarier von heute – und sie werden früher oder später auf die Barrikaden gehen.

Was dann passieren kann, bringt der ehemalige SPD-Generalsekretär Peter Glotz auf den Punkt. „Aber wenn irgendwo 200 empörte Arbeiter, die entlassen werden sollen, obwohl der Konzern insgesamt schwarze Zahlen schreibt, alles kurz und klein schlagen, kann ein einziger Gewaltausbruch dieser Art einen Flächenbrand auslösen (...).“[2]

Glotz hatte schon vor mehr als zwanzig Jahren gesehen, auf welche Entwicklung wir zusteuern. „Wir stehen vor einer neuen massiven Verschiebung der Gewichte in der Produktionsfunktion: Der Faktor menschliche Arbeit tritt mehr und mehr in den Hintergrund und das Produktionsergebnis verdankt sich in den hochproduktiven Bereichen fast ausschließlich dem Faktor Kapital, das in der Maschinerie verkörpert ist. Der technologische Prozess, der in gewaltigen Produktivitäts- und Rationalisierungsschüben menschliche Arbeit überflüssig macht, verlagert immer mehr Arbeitsfunktionen vom Menschen auf die Maschine. Das nun in der Tat ist zwar kein jäher, aber ein epochaler Wandel: Nicht länger ist die Arbeit die Hauptquelle gesellschaftlichen Reichtums, sondern die Technik.“[3]

Arbeit wird zum Luxusgut, das nur noch die Besten haben können. Das Arbeiten in den Unternehmen wird zum Überlebenskampf.

Überlebenskampf im Konzern: Warum Größe die Konkurrenz fördert

„Große Unternehmen sind oft böse Unternehmen, die gut spielen", vertraute mir einst ein Managementtrainer an. Damals war ich mir nicht sicher, wie er dies meinte. Zehn Jahre später und um diverse Erfahrungen reicher, bin ich fest davon überzeugt: Große Unternehmen fördern das Jeder-gegen-jeden – allein durch ihre Größe. Sie sind Demokratien ohne Gesetzbücher und ohne dauerhafte Regierung. Sie können weder feste Regeln noch Kontinuität bieten und verhindern deshalb Identität. Sie locken charakterliche Wendehälse an, Opportunisten, die sich schnell auf unterschiedliche Strömungen einstellen können. Sie dürfen sich im Zweifel nicht allzu sehr durch feste eigene Wertvorstellungen aufhalten lassen, um die Unternehmensziele zu erreichen. Langfristig töten große Unternehmen die Leistungsbereitschaft des Einzelnen, sie lassen Starrsinn wachsen. Sich regelmäßig wiederholende Personal-Abbaumaßnahmen legen das Fundament zu einem dauerhaften Überlebenskampf, der Mitarbeiter geradezu verführt, mit Guerilla-Methoden um den eigenen Stand und Status zu kämpfen.

Warum das System „großes Unternehmen" vor allem dann nicht funktionieren kann, wenn es börsennotiert ist, möchte ich in diesem Kapitel erklären.

Zur Einstimmung eine kleine wahre Geschichte, die einerseits Normalität spiegelt, andererseits zeigt, wie mühelos selbst leitende Angestellte im großen Unternehmen ein egoistisches Eigenleben führen können.

Wir befinden uns in einem der größten und am stärksten wachsenden europäischen Konzerne. Es ist ein Tag wie jeder andere: Schon vor acht Uhr kleben gelbe, grüne und blaue Zettelchen an den Bildschirmrändern. Darauf stehen Arbeitsanweisungen für die Mitarbeiter von Herrn X. Die Mitarbeiter arbeiten Zettel für Zettel ab. Der Chef liest derweil wie jeden

Morgen Zeitung, die Beine auf dem Tisch, er telefoniert privat. Zwischendurch besucht er das eine oder andere Meeting. Was dort besprochen wird, erfährt kein Mitarbeiter. Dieser Chef kennt nur Befehle. Abends kontrolliert er, ob alles erledigt ist. Er spricht kaum ein Wort mit den Mitarbeitern, lediglich „Warum geht das nicht?“ rutscht ihm zwischendurch einmal raus. Herr X, nennen wir ihn Post-It-Manager, besucht seit acht Jahren einmal im Jahr ein Führungskräftetraining. Er kennt die Methoden modernen Managements, er propagiert sie auch vor seinem Chef, aber selbst umsetzen will er sie lieber nicht. Er befürchtet, Macht und Privilegien zu verlieren, verrät er dem externen Führungskräftetrainer einmal unbedacht nach einem Glas Wein.

Führungskräftetrainings sind nichts anderes als gehobene Betriebsausflüge, das bestätigt auch ein Kollege von mir – er selbst führt diese Trainings seit zwei Jahrzehnten durch. Die Teilnehmer geben dem Trainer im Feedbackbogen gute Noten, wenn er sie angeregt unterhalten hat und sie im Nebenprogramm – abends im Restaurant und auf der Piste – bei Laune gehalten wurden. Da der Trainer im nächsten Jahr wiederkommen darf, wenn er überall „gut“ und „sehr gut“ bekommen hat, geht es auch ihm vor allem um eine gute Evaluierung. Anders ausgedrückt: Ihn interessiert eine hohe Zustimmungsquote. Und die kommt nicht von ungefähr, sondern entfaltet sich am besten vor dem Hintergrund einer besonders netten Atmosphäre.

Die Mitarbeiter des Post-It-Managers leiden nicht unter ihrem Chef. Er ist ihnen gleichgültig, sie nehmen ihn sowieso nicht ernst. „Der Chef“ ist jemand, der niemandem gerade in die Augen sieht. Offenheit macht ihm Angst; deshalb liebt er die kurzen Absprachen und Info-Gespräche auf dem dunklen Flur. Ihm ist völlig gleich, dass seine Sekretärin die Post der neuen Mitarbeiterin verschwinden lässt. Als diese ihn weinend darauf anspricht und um Hilfe bittet, murmelt er: „Macht das unter euch aus“. Es wundert in diesem Unternehmen niemanden, dass ein solcher Mann ohne Führungspersönlichkeit Chef werden konnte. Jeder weiß hier, dass es die Berufserfahrung in Jahren, die Lobbyarbeit und der Draht nach oben sind, die zählen. Gute Chefs gibt es auch; aber die sind Zufallsprodukte.

In einer anderen Abteilung desselben Unternehmens arbeitet ein Ingenieur, der mir stolz erzählt, dass er für seine immerhin 7 000 Euro Gehalt nur ein paar Planungen durchführen und ansonsten die Zeit bis 17 Uhr weitgehend unbehelligt von seinem Vorgesetzten absitzen würde. Er arbeitet in dem Unternehmen, weil es ihm maximale Sicherheit bei minimalem Einsatz bietet. Er behauptet feixend, nie arbeitslos werden zu können, und lästert über Menschen, die so dumm waren, das Falsche zu studieren. Geschichte zum Beispiel, wie ich. Unter Historikern herrsche eine Arbeitslosenquote von 30 Prozent, triumphiert er und meint, dass ich Glück gehabt hätte, einen Einstieg in einen Job gefunden zu haben, der sonst nur Betriebswirten vorbehalten ist.

Er hat durchaus Interesse am Erfolg seines Konzerns – so lange dieser Erfolg seinen persönlichen Frieden nicht stört und nicht zu mehr Arbeit verpflichtet.

Die Produktivität der Abteilung mit dem Post-It-Manager sei gering, verrät mir ein Controller, der mein Beratungskunde ist. Das fällt derzeit nicht auf, denn das Unternehmen schafft Arbeitsplätze. Manche Leute, so der Controller, schleppe man einfach mit. Die Gewinne sind groß und die Aktionäre zufrieden. Dass die Kommunikation in einigen Abteilungen lausig ist, manche Manager grausig, die Abläufe stümperhaft sind, dass Arbeiten doppelt und dreifach verrichtet werden – dies und auch die Geldverschwendung interessiert nur sehr wenige, meist Zeitarbeiter, die sich als Zweite-Klasse-Angestellten begreifen, die Erste Klasse arbeiten müssen. Sie sehen wie jeder gegen den anderen agiert, dabei Geld, Zeit und Energie verschwendet wird, schütteln den Kopf und schweigen in Sorge um ihre eigene Übernahme und das, was im Zeugnis stehen wird.

Zu gut geht es jedem Einzelnen in seinem Mikrokosmos, zu leicht ertragbar sind die Unzulänglichkeiten der Chefs, zu ungemütlich scheinen die Welt und die Jobs da draußen. Das stumpft ab; was interessieren einen da noch die anderen? Unternehmensziele – wie bitte? Der Klassenkampf tobt noch nicht; es ist eine Vorstufe.

Zu groß für unser Großhirn

Die wahre Geschichte vom Post-It-Manager ist ein typisches, sehr normales und unspektakuläres Beispiel für Geschehnisse und Führungsstile, die in großen Unternehmen fast zwangsläufig und in kleinen Unternehmen bei schlechter Firmenleitung an der Tagesordnung sind. Und mir geht es zunächst um die normal-banalen Zustände des Unternehmensalltags, denn dort keimt das „Jeder-gegen-jeden".

Normal und banal ist unter anderem das: Es entstehen individuelle Einflussbereiche, bündeln sich persönliche Interessengebiete, erheben sich Inseln im Unternehmensmeer. Das Unternehmen wird so nach und nach ein unübersichtliches und deshalb nicht mehr zu kontrollierendes Gebilde. Irgendwann ist es ein gewachsener Mikrokosmos, in dem verschiedene Evolutionsstufen aufeinandertreffen: alte Bereiche und sehr junge, fortschrittliche und rückständige. Ein Artenreichtum, geprägt von verschiedenen Herrschafts- und auch historischen Epochen, wechselnden unternehmerischen Zielsetzungen, individuellen Vorstellungen der Führungskräfte und ganz sicher auch vom Zufall. Die Sünden der Vergangenheit prägen etablierte Unternehmen: Die Sünden, die in Phasen zu schnellen Wachstums begangen worden sind, als zu schnell und unbedacht eingestellt worden ist. Die Sünden des Abbaus, die Löcher in den Arbeitsabläufen hinterlassen und Wunden in der Seele.

Durch Fusionen wachsen große Unternehmen zuerst, bevor sie schrumpfen. Sie erhalten neue Schichten, die mit den alten zusammenwachsen sollen. Sie erben die Sünden, die verschiedene „Regentschaften" unterschiedlicher Abteilungsleiter und Top-Manager hinterlassen haben. Deren Führungsstil schwankt mitunter in ein und demselben Unternehmen zwischen dem Terrorregime eines Ivan dem Schrecklichen, dem tapferen Edelmut eines Richard Löwenherz und der Dummheit eines König Midas. Ingesamt scheint es ein wenig so, als würden Steinzeit, Mittelalter und Moderne zeitgleich existieren.

Je größer ein Unternehmen, desto unübersichtlicher wird es. Niemand kann mehr in alle Ecken sehen. Aus genau diesem Grund können ganze Abteilungen gut in diesen Ecken verschwinden. Das macht es einem Kapitän schwer, das Schiff insgesamt in eine Richtung zu steuern. Wenn es in der einen Kabine brennt, sieht es der Kapitän vielleicht nicht. Die, die auf einem anderen Deck arbeiten, interessieren sich zudem nicht für das Deck unter oder über ihnen. Brände bleiben so durch ihren lokalen Charakter begrenzt. Defekte können schnell vertuscht werden. Es bilden sich Gruppen, Bünde und Gefüge, die viel stärker sind als das lose Band des Unternehmensnamens. Sie führen einen ewigen „Jeder-gegen-jeden"-Kampf um die im neuen Klassenkampf wichtigsten Besitztümer: um Macht und Einfluss, die aus dem Mehr-Wissen oder Mehr-zu-wissen-scheinen resultieren. Nur dies garantiert das Überleben auf dem Arbeitsmarkt. Nur diese verspricht den Sieg der Job-Besitzer über die jetzt schon oder künftig arbeitslose Klasse.

Da mit der Größe des Unternehmens auch die Distanz der einzelnen Mitarbeiter zueinander steigt, wächst in guten Zeiten Gleichgültigkeit, in schlechten aber auch die Härte der „Jeder-gegen-jeden"-Auseinandersetzung mit der Zahl der Mitarbeiter. Aus dem Tierreich wissen Anthropologen, dass es einen Zusammenhang zwischen der entwicklungsgeschichtlich jungen Großhirnrinde und der Herdengröße gibt. So hat der britische Wissenschaftler Robin Dunbar festgestellt, dass Säugetiere in Verbünden leben, die dem Volumen ihres Großhirns ganz genau entsprechen. Je kleiner es ist, desto kleiner ist die Herde; je größer – desto größer.

Die natürliche Größe einer „menschlichen Herde" liegt laut Dunbar bei 148,4 Exemplaren Mensch. Afrikanische Dorfgemeinschaften und australische Ureinwohner leben oft in Einheiten von nicht mehr als 150 Personen zusammen. In größeren Verbünden lässt sich das soziale Gefüge nicht auf natürliche Art und Weise aufrechterhalten, Hierarchien müssen eingezogen werden und für Ordnung sorgen. Die Wahrscheinlichkeit, dass Chaos entsteht und das soziale Gefüge auseinander bricht, wächst. Die daraus ableitbare These: Das Sozialleben in Unternehmen, die eine bestimmte Größe überschreiten, ist aus rein biologischem Blickwinkel betrachtet gefährdet. Die Wahrscheinlichkeit einer Störung steigt analog zur Größe.

Die Forschungsergebnisse von Robin Dunbar hat die Boston Consulting Group für ihre Zwecke entdeckt: Eine Zusammenfassung seiner Ergebnisse findet sich auf den US-amerikanischen Strategieseiten des Beratungsunternehmens im Web. Dass die Unternehmensberatung diese in ihre praktische Arbeit einbezieht, mochte die Deutschlandfiliale von BCG allerdings nicht bestätigen.

Unabhängig von diesen Erkenntnissen besteht weltweit schon seit langem ein Trend, große in kleine Einheiten zu zerlegen. So spalten sich die meisten Unternehmen in organisatorische Selbstverwaltungseinheiten, so genannte Profit Center, die ökonomisch besser kontrollierbar sind. Was für das kleine soziale Gefüge ein Vorteil ist, ist teilweise ein Nachteil für das Unternehmen insgesamt. Die zahlreichen Überschneidungen, die durch die Ansprache oft gleicher Kundengruppen logische Konsequenz ist, erhöht parallel zum internen Zusammenhalt den Konkurrenzdruck mit den anderen Sparten. Trotz der dezentralen Organisation sind Unternehmen gezwungen, als Gesamtorganisationen zu handeln – ein ewiger Widerspruch.

Ob mit Sparten und Profit Centern oder ohne: Konzerne überschreiten die natürliche Herdengröße regelmäßig bei weitem, soziale Gefüge driften auch deshalb mehr als anderswo auseinander. Kein Wunder also, dass sich in fast jedem größeren Unternehmen krasse Missstände zeigen und sich über kurz oder lang sogar kriminelle Gruppen bilden.

Individuelle Gruppenregeln – Voraussetzung für kriminelles Verhalten

Korruptions- und Schmiergeldinseln in den Konzernen und großen Unternehmen entstehen durch den Zusammenschluss von sozialen oder bei diesem Beispiel vielleicht treffender „asozialen" Gruppen. Karstadt, BMW, Intel, sogar Siemens – kaum ein größeres Unternehmen blieb von den korrupten Gruppierungen der White-Collar-Kriminellen[4] vorschont, die sich oft an der Geschäftsführung vorbei abteilungs- und manchmal sogar hierarchieübergreifend bilden.

Die Ermittlungen im Fall Ikea betrafen zuletzt 30 Verdächtige, die im Jahr 2005 Gelder in Millionenhöhe veruntreut haben sollen. Der Fall zeigt eben auch, dass die Mittelstandsregel „wie der Herr so sein G'scherr" in den Großfirmen nicht die einzige zentrale Losung ist und als Erklärungsmodell für Missstände nicht ausreicht. Ikeas Gründer und Inhaber Ingvar Kamprad hat das schlitzohrige Sparen und den Geiz vorgelebt, nicht aber das Betrügen.

Klare Regeln, die Bestechung, Vorteilsnahme, Geldwäsche, Schmieren, Mobbing et cetera explizit und unmissverständlich untersagen, existieren laut meiner Recherche bei vielen Unternehmen nicht. Ein so deutlicher und unmissverständlicher Verhaltenskodex „Code of Conduct" wie jener der Hypovereinsbank[5] ist eine positive Ausnahme. Dass aber auch Regeln keine Rettung sind, zeigt beispielsweise der BMW-Konzern, der auch allerlei Schutzmechanismen eingebaut hat – Schmiergeld floss trotzdem. Damit kalkulieren Unternehmen. „Zu 100 Prozent wasserdicht werden Sie solch ein System nie bekommen", sagte Audi-Finanzchef Stadler in der Financial Times Deutschland.[6]

Mit und erst recht ohne klare Vorgaben von oben verteilt sich Führung in den großen Unternehmen selbstständig und Regeln werden von Gruppen interpretiert und neu definiert. Schlimm und ein schlechtes Vorbild für alle anderen, wenn die individuelle Regelfindung schon auf der Vorstandsebene beginnt – doch leider ist genau das die Tagesordnung. Das beginnt bei scheinbaren Kleinigkeiten: So soll es absolut üblich sein, dass die normalen IT-Regularien für das Board nicht gelten. Das sind Regularien, die vorschreiben, was im IT-Bereich erlaubt und was – zum Beispiel auch aus Sicherheitsgründen – verboten ist. Aus diesem Grund existieren in vielen großen Unternehmen eigene Board-IT-Abteilungen, die sich nur um die speziellen Bedürfnisse der oberen Herren kümmern. Marschrichtung in fast allen diesen Konzernen: Realisiert, was die Herren wünschen, schaut dabei nicht auf Bestimmungen und kümmert euch nicht um das, was anderen untersagt ist.

Ausnahmeregelungen für den Vorstand betreffen nicht nur die IT, sondern auch alle anderen Bereiche wie folgendes Beispiel zeigt, von dem mir ein Unternehmensberater berichtete:

Alle Mitarbeiter sollten Reisekosten reduzieren. Nur noch in Drei-Sterne-Hotels übernachten, mit der Bahn fahren und die Firmenwagen schonen. Der Vorstand allerdings fuhr eine Woche nach der offiziellen Bekanntgabe der Sparmaßnahmen auf Firmenkosten zum Urlaub auf Sylt.

Solche Ausnahmen machen jede Regel letztendlich unglaubwürdig und damit überflüssig. Je weniger Klarheit von oben und je mehr Ausnahmen von Regeln üblich sind, desto eher wachsen informelle Führer heran. Das sind nicht unbedingt Menschen, die kraft eines Amtes an der Unternehmens- oder Abteilungsspitze stehen. Sie haben aber Einfluss, stehen immer nah am Hebel der Macht, können Computersysteme beeinflussen, Aufträge vergeben, besitzen Handlungsvollmacht. Sind übergreifende Unternehmensregeln nicht vorhanden oder durch eigenmächtige und individuelle Auslegungen sowie Ausnahmen verwässert, steigt etwa die Wahrscheinlichkeit für „finanzielle Kontaktpflege" – neudeutsch für Bestechung. Es entstehen eigene ungeschriebene Kodices, die für die Subgruppen gelten.

Die Korruptions- und Sexaffäre bei Volkswagen aus dem Jahr 2005 zeigt, wie schnell in einer kleinen „Herde" durch gegenseitige Verstärkung der Moralpegel unter Null sinken kann und Parallelwelten entstehen, die im eigenen Interesse handeln – und damit automatisch gegen das Unternehmen und auch gegen die Gesellschaft. Eine spektakuläre Ausnahme sei VW nicht, bestätigten mir Wirtschaftsdetektive. Oft würden die Vorgaben sogar bewusst unklar gehalten und still geduldet, damit beispielsweise der Einkaufsleiter im Falle des Falles Gelder fließen lasse, um Prozesse zu beschleunigen oder Aufträge zu bekommen. Und wenn „Unregelmäßigkeiten" aufgedeckt würden, würden diese intern von den Revisionsabteilungen bearbeitet und landeten selten in den Medien. Es besteht seitens der Unternehmen keine Pflicht, kriminelle Vorfälle zu melden. So ist es eher Zufall, wenn einer der Beteiligten wie im Fall von VW oder bei der Schmiergeldaffäre der Autobranche die Presse informiert.

Die Anti-Korruptionsinitiative Transparency International geht davon aus, dass viele Betrugsfälle gar nicht erst aufgedeckt werden. So zeigt eine hohe Zahl von Wirtschaftsverbrechen mitunter nur an, dass ein Unternehmen überhaupt dagegen vorgeht – nicht aber, dass es ein ausgewiesenes Sündenbabel ist.

Der Klassenkampf in Krisenzeiten

Meine kleine wahre Geschichte vom Post-It-Manager spielt in einem völlig gesunden Großunternehmen. Dort lodern die Ego-gegen-Ego-Kämpfe meist unterschwellig, vielfach herrscht Leidenschaftslosigkeit und Gleichgültigkeit. Ein paar ungeschriebene Verhaltenskodices regeln den Umgang, der vielleicht hinterhältig, aber nicht übermäßig aggressiv ist. Von mir befragte Mitarbeiter in derzeit wirtschaftlich stabilen Unternehmen stufen ihre Unternehmenskultur und den Jeder-gegen-jeden-Faktor oft auf der Skala von 1 (sehr gut) bis 5 (miserabel) bei 3 bis 4 ein – es ist also alles noch erträglich.

Dieser Wert verschlechtert sich radikal, wenn Personal abgebaut werden soll. Ein aktuelles Beispiel bietet die Allianz, deren Mitarbeiter nach der Bekanntgabe, dass 8 000 Stellen trotz satter Gewinne einem Streichkonzert zum Opfer fallen werden, kürzlich auch symbolisch ihre Unternehmenskultur zu Grabe getragen haben.

Mein kurzes Interview mit einer Führungskraft des Konzerns gibt einen kleinen Einblick:

Turbulenzen bei der Allianz

Was ist los bei der Allianz?
Die Stimmung hat sich sehr verändert. Aus dem seit vielen Jahren sicheren Hafen ist völlig unvermittelt ein offenes stürmisches Meer geworden. Täglich ist dies Gesprächsthema – sei es bei Besprechungen oder auch in der Kantine. Normales Arbeiten fällt hier sehr schwer.

Wie verhalten sich die Mitarbeiter? Versucht man zum Beispiel den eigenen Kopf zu retten oder schnell etwas Neues zu finden?
Mitarbeiter versuchen sich – völlig überzogen – bestmöglich zu positionieren, auch zu Lasten anderer Mitarbeiter. Beziehungsmanagement und Networking sind in diesen Tagen wichtiger als der tägliche Job. Natürlich schaut man sich auch intensiv den aktuellen Arbeits- und Stellenmarkt an.

Haben Sie das Gefühl, von der Konzernleitung unfair behandelt zu werden? Was denken Sie über die „da oben"?
„Da oben" ist gar nicht so weit weg von „hier unten". Auch die Kollegen Vorstände haben einen Job zu erfüllen. Auch die Management-Etage wird durch die Aktienmärkte und den Aufsichtsrat kontrolliert und muss sich rechtfertigen. Deren Aufgabe ist es, das Unternehmen auf Kundenzufriedenheit, Effizienz in den Arbeitsabläufen, kostengünstig und zukunftsfähig im Sinne der Kunden, Mitarbeiter und Aktionäre zu trimmen. Sachlich ist dies alles nachvollziehbar. Allerdings werden offizielle Führungsleitlinien wie Ehrlichkeit, Offenheit, Konstruktivität und Partnerschaftlichkeit mit Füßen getreten und Mitarbeiterinnen und Mitarbeiter werden eindeutig nicht ernst genommen. Es handelt sich hier nicht nur um „Human Capital" – es geht hier um das persönliche Schicksal eines jeden Betroffenen.

Werden Mitarbeiter ernst genommen?
Mitarbeiter werden vom mittleren- und Top-Management nicht ernst genommen. Es gibt keine ehrliche und offene Kommunikation, ein Mitspracherecht fehlt.

In guten Zeiten ist es leicht, zumindest den Schein des Anstands zu wahren. In schlechten Zeiten spielt auch der Schein keine Rolle mehr, der Klassenkampf Wissen gegen Nicht-Wissen oder potenziell-arbeitslos gegen Arbeit-besitzend geht in eine härtere Runde. Regeln der Fairness werden außer Kraft gesetzt. Kindische Verhaltensweisen machen die Runde, jeder beobachtet den anderen und plant die eigenen Schachzüge nach den vermuteten Überlebenskriterien. Und diese lauten nun mal oft: Wer sich gut verkauft, ist erfolgreicher. „Es ist zum Beispiel völlig normal, dass in solchen Situationen Manager und Mitarbeiter beginnen, ihre Erfolgsgeschichten per E-Mail zu publizieren und an die Verantwortlichen zu schicken", sagt der Change Management Berater Jens Hollmann, der seit vielen Jahren Veränderungsprozesse in Großunternehmen begleitet. Ziel solcher Selbstlob-E-Mails ist es, die Entscheider auf die eigene Leistung aufmerksam zu machen, und so als Schlüsselperson, die das Unternehmen braucht, identifiziert zu werden. Dass in den elektronischen Selbsthuldigungen der Kollege schlechter wegkommt, ist oft ein gewünschter Nebeneffekt.

Die Richtungen, aus denen die neuen Winde wehen, werden geortet. Wer wird bald das Sagen haben, wer abgesägt? Die cleveren Mitarbeiter, die dies erkennen, stellen sich ruckzuck hinter die vermutlich überlebensfähige Schicht – auch wenn sie dafür dem bisherigen Chef in den Rücken fallen müssen. Da werden von der neuen Führung geschasste Mitarbeiter wie Erzfeinde gemieden und ehemals gute Kollegen vor allem durch das gezielte Vorenthalten von Informationen so lange gemobbt, bis sie von sich aus kündigen. Jeder tut alles, um sich die eigenen Pfründe zu sichern, an das Unternehmen hat in guten Zeiten schon niemand wirklich ernsthaft gedacht. In schlechten Zeiten ist es sogar in Ordnung, ihm Schaden zuzufügen – wo ohnehin alles den Bach hinuntergeht ...

Die Kultur, in Großunternehmen schon von Haus aus nicht ausgeprägt, tritt in Krisensituationen massiv in den Hintergrund. Das Denkmuster dahinter: So lange es mir gut geht, kann ich es mir leisten, zumindest halbwegs und vordergründig „gut" zu sein. Je näher dagegen das eigene Hemd rückt, desto aggressiver und direkter wird der Kampf um den eigenen Vorteil. Da wird der Post-It-Manager zum Grabenkämpfer.

Großunternehmen erzeugen Dauerstress

Große Unternehmen sind ständig von solchen Krisensituationen bedroht, weil sie unter einem durch die Aktienmärkte provozierten Zwang stehen, immer höhere Gewinne einfahren zu müssen. Sie schützen sich dadurch auch vor der Übernahme durch „Heuschrecken".[7] Aber spätestens wenn die Gewinne schrumpfen, werden die Geschäftsprozesse optimiert werden. Dann kommen die Männer in den schwarzen und grauen Boss-Anzügen, die Unternehmensberater, und analysieren und rechnen in eigens für sie leer geräumten Räumen, decken Dopplungen auf und identifizieren ineffektive Schnittstellen und Abläufe – oder tun zumindest so, wenn man einer Kernaussage des Anti-Unternehmensberater-Buches „Beraten und verkauft" von Thomas Leif folgt.

Wie in einem Krankenhaus wird dann geliftet, amputiert, ersetzt. Doch kaum ist das eine Loch gestopft, platzt an einer anderen Stelle wieder ein Pflaster auf. Da ein großes Unternehmen anders als eine mittelständische Firma kein Organismus ist, sondern aus mehreren Organismen – Tochterfirmen, Profit Centern, eigenständigen Abteilungen – besteht, greifen die „10 Gebote für ein gesundes Unternehmen" hier nicht, die „Deutschlands erster Arzt für Unternehmer", der Arzt und Managementberater Cay von Fournier in seinem gleichnamigen Buch propagiert. Das Großunternehmen lässt sich nicht heilen. Es existiert bei permanentem Operationsbedarf.

Ich will hier nur einige Beispiele für Gebote nennen, die in einem größeren Unternehmen einfach nicht funktionieren können:

1 Sei kreativ!
Kreative Einfälle setzen sich in großen Unternehmen nur in Form von Kompromissen durch. Es müssen viele zustimmen, nicht einmal der Vorstand kann Ideen losgelöst von der Zustimmung anderer Entscheider durchsetzen. So wird auch die beste Idee weichgespült und ihres Kerns beraubt. Und – zu viel Kreativität bestrafen die Aktionäre. Das ist ähnlich wie in der Politik: Von mutigen Vorstößen bleibt am Ende nichts mehr übrig.

2 Sei mutig anders als andere!
Siehe 1. Mutig zu sein, kann sich nur jemand erlauben, der unabhängig ist. In managementgeführten Unternehmen ist nicht mal der CEO unabhängig. Zudem sind große Unternehmen abhängig von der Zustimmung der Börse, was den Mut von vornherein auf von der Börse akzeptierte Handlungen eingrenzen muss. Zu diesen akzeptierten Handlungen gehört beispielsweise Arbeitsplatzabbau – diese Maßnahme kennt und schätzt der Aktionär, sie verheißt kurzfristigen Gewinn (wie bei allen anderen).

3 Sei konsequent!
Konsequenz ist offenbar unmöglich bei den häufigen Führungswechseln, der Neigung zu unausgesprochenen Regeln und der Inselmentalität. Konsequenz hat auch mit Kontinuität zu tun, die es in großen Unternehmen nicht gibt.

4 Führe mit Werten!
Der wunde Punkt des großen Unternehmens. Wo Top-Manager erstens austauschbar sind und zweitens oft vor allem mit Blick auf die eigene Gewinnmaximierung ein Unternehmen führen, können Werte nicht dauerhaft wirken, sondern werden bestenfalls von der Kommunikationsabteilung als Heftpflaster aufgeklebt. Doch „Menschen orientieren sich nicht an dem, was Führungskräfte sagen, sondern daran, wie sie handeln", sagt der Managementberater Professor Fredmund Malik.[8]

In großen Unternehmen gibt es Vorbilder, wenn überhaupt, nur für kurze Zeit. Kontinuität existiert in größeren Firmen seit einigen Jahren nicht mehr – nicht bei der Führung, nicht in den Werten, weder organisatorisch noch im Personalgefüge. Was gestern galt, gilt morgen nicht mehr. Veränderung ist ein Dauerzustand.

Es ist, als würden die Mitarbeiter selbst bei der ständig fortschreitenden Operation zuschauen: Die Operationsmaßnahmen erzeugen Angst – was körperlich die gleiche Reaktion auslöst wie Stress. Die Ausschüttung von Adrenalin und Noradralin blockiert und verhindert das Denken. Dies führt so weit, dass in Umstrukturierungs- und Abbauphasen ganze Belegschaften nicht mehr oder nur noch sehr eingeschränkt handlungsfähig sind.

Nicht abgebaute Angst wirkt lange nach und der Körper kann nicht zu seinem normalen Gleichgewicht zurückfinden. Die Konzentrations- und Leistungsfähigkeit ist blockiert – und das in einer Situation, die in besonderem Maß Leistung und Handeln fordert. Aber: An übergeordnete und langfristige Ziele mag unter Stress kaum noch jemand denken. Ähnlich wie im Krieg denkt dann nur noch jeder an sich selbst.

Was mir eine Mitarbeiterin über die Vorkommnisse in ihrem Unternehmen erzählte, ist typisch für solche Situationen:

Wir sind von einem anderen Unternehmen gekauft worden. Es ist völlig unklar, was nun passiert, wie umstrukturiert wird, welche Führungswechsel es geben wird Bei uns wird seit Monaten nicht mehr richtig gearbeitet.

Die meiste Zeit diskutieren wir, wie es wohl weitergeht. Auch mein Chef ist nervös und rennt herum wie ein aufgeschreckter Hahn.

Unternehmen bauen seit kurzem – siehe Allianz – auch in guten Zeiten und trotz Gewinn sozusagen vorausschauend ab. Der Trend zur Um- und Restrukturierung wird mit dem globalen Wettbewerb weiter zunehmen und uns begleiten. All das sorgt unter den derzeitigen Vorzeichen für eine dauerhaft lahmgelegte und arbeitsunfähige Belegschaft. Dies kann nicht im Sinn von Unternehmen sein, die Leistung erbringen müssen, um weltweit konkurrenzfähig zu sein.

Die Wirtschaft steckt in einem Kreislauf fest, der nur mit einschneidenden Maßnahmen, wie sie noch in diesem Buch beschrieben werden, durchbrochen werden kann.

Promiskuität an der Unternehmensspitze

Je größer ein Unternehmen, desto wahrscheinlicher sind aufeinander folgende und parallele Krisen in den einzelnen Organismen, zum Beispiel den Sparten. Beispiel Siemens: Im Jahr 2000 gibt Bosch den Mobilfunk an Siemens ab, 2004 werden Handy und Festnetz verschmolzen, 2006 übernimmt BenQ das Handygeschäft und fusionieren die Netzwerkssparten von Nokia und Siemens, wodurch aktuell 6 000 Mitarbeiter vom Stellenabbau bedroht sind ... Das Management wird in diese Krisen miteinbezogen, oft als Verursacher identifiziert. Die Stühle der Manager wackeln deshalb ständig. Die durch den globalen Wettbewerb höhere Drehzahl der Krisen beschleunigt den Wechsel. Zudem führt eine größere Veränderung im Unternehmen – etwa die Übernahme durch ein anderes Unternehmen – fast immer auch zu einer Veränderung in der Führungsriege. Auch dies verstärkt den Jeder-gegen-jeden-Faktor, denn die Wechsel erhöhen den ungesunden Stresspegel.

Damit wichtiges Unternehmenswissen nicht verloren geht, werden am Anfang die alten Manager zwar gehalten, doch findet sich nach einer Übergangszeit von zwei bis drei Jahren kaum ein altes

Gesicht mehr im Stab der „Regierenden". Weitgehend neu besetzt wurde etwa der komplette Vorstand von KarstadtQuelle, nachdem Thomas Middelhoff CEO geworden war.

Je komplexer das Gefüge, desto weniger wahrscheinlich sind Dauer und Beständigkeit. Das Hü und Hott, das die Politik vorlebt (Atomausstieg ja und nein, Steuersenkung, Steuererhöhung), kann in einem kleineren sozialen Gefüge – wie es ein Unternehmen darstellt – noch sehr viel wildere Blüten treiben. Dies betrifft nicht nur die inhaltlichen Maßgaben, sondern auch die Führungsstile. So kann in einem Konzern einem autoritären Top-Manager ein kollegialer nachfolgen – wobei der von diesem verbreitete frische Wind oft in der Spitze hängen bleibt und gar nicht bis in jede der oft autonomen Sparten vordringt. „Sollen die da oben mal machen" – solche Aussagen gehen Kneipengängern mit Blick auf die Politiker ebenso leicht von den Lippen wie Konzernmitarbeitern. Die Distanz zwischen unten und oben ist in großen Unternehmen groß. So groß, dass vieles nicht mehr ernst genommen wird:

Wir waren zuerst fünf Jahre lang amerikanisch. Zu jener Zeit durften wir zum Casual Friday in Bermudas kommen. In der Kantine gab es Spare Ribbs, Amerika-Fahnen und Ethik-Guidelines, die hier eine echte Lachnummer waren. Das komplette Management war innerhalb von zwei Jahren ausgetauscht, die mittlere Ebene und die Vorgesetzten in den Fabriken sind aber geblieben. Die wurden dann auf Schulungen geschickt, sollten in so genannten Pasta-Kursen beim Nudelmachen Teamdenken und beim Outdoor-Training eigene Grenzen überwinden lernen. Bevor davon auch nur ein kleiner Ansatz im Joballtag angekommen war, kamen die Skandinavier und putzten mit ihrem teamorientierten Humanismus die ersten Spuren der Amerikanisierung wieder weg. Plötzlich gab es Chefbewertungen und all diese pseudo-demokratischen Dinge. Wir sind hier alle gespannt, was die sich da oben als Nächstes ausdenken. Den Mitarbeiter geht das doch am Allerwertesten vorbei.

Weder Führung noch Gefolgschaft

In vielen Unternehmen haben sich Parallelgesellschaften gebildet, die ihre eigenen Werte und Verhaltenskodices ausgeprägt haben. Die Mitarbeiter folgen oft ihren unmittelbaren Herdenführern – lokalen Vorbildern. Was die Konzernspitze macht, ist ihnen weitgehend egal. Großunternehmen können deshalb weder nach dem Prinzip der „auserwählten Gemeinschaft" noch nach dem Prinzip von „Führung und Gefolgschaft" arbeiten, die der Manager und Theologe Ulrich Hemel in seinem Buch „Wert und Werte" definiert hat.[9] „Auserwählte Gemeinschaften" funktionieren demnach durch eine hohe Identifikation der Mitarbeiter zu einer Gruppe, die beispielsweise individualethische Werte wie „Kreativität" (Werbeagenturen) oder durch den Unternehmer vorgegebene christliche Werte hochhält. Bei „Führung und Gefolgschaft" kreist das unternehmerische Menschenbild um den Unternehmer selbst, der mal charismatisch, stark und vorbildlich sein kann, aber genauso gut das Gegenteil davon.

In jedem Fall jedoch garantieren Führung und Gefolgschaft Dauer und Beständigkeit. Die gibt es für Mitarbeiter in Großunternehmen lediglich in ihren eigenen Gruppen, in denen jahrelange Betriebszugehörigkeiten für Kontinuität in Teilbereichen sorgen. Dort können sich einzelne Sparten und Abteilungen – was im Mittelstand nicht möglich ist – der Veränderung verweigern. Eine solche Verweigerungshaltung ist spezifisch für Großunternehmen. Sie mag der Grund dafür sein, dass einige Konzerne sich inzwischen von neuen Mitarbeitern in Arbeitsverträgen die Veränderungsbereitschaft unterschreiben lassen.

„Großunternehmen sind Demokratien, Mittelstandsfirmen Monarchien", bringt es der Managementberater und Autor Ulf D. Posé auf den Punkt. „Eine gut geführte Monarchie hat einer Demokratie deshalb einiges voraus." Oder anders ausgedrückt: Einem Monarchen folgen die Mitarbeiter, wenn das, was er vertritt, einen nachvollziehbaren Kern und Bestand hat, wenn er durch sein Handeln und Denken ein Vorbild ist. Einem nur zeitweise regierenden Manager folgen die Mitarbeiter nicht bedingungslos, die Reichweite seiner

Anordnungen hat Grenzen. Oft hat der Abteilungsleiter die längeren „Regierungszeiten“ – und damit größeren Einfluss als der CEO. Auch das erhöht den Jeder-gegen-jeden-Faktor: Statt mit dem Unternehmen identifizieren sich Mitarbeiter (bestenfalls) mit ihrer Gruppe.

Immer kürzere Herrschaftsphasen

Die hohe Wechselfrequenz an der Spitze verhindert Identifikation.

„Zuletzt blieben die Vorstände meist kaum ein Jahr. Aber bei jedem Wechsel hieß es immer: Alles neu, alles anders. Niemand von uns Abteilungsleitern hat das noch ernst genommen, wir haben nur Befehle ausgeführt. Die ganze Organisation wurde immer wieder auf den Kopf gestellt, gebracht hat es nichts. Was für eine Verschwendung von Energien! (...) Faszinierend finde ich, dass diese Vorstände, die unser Unternehmen heruntergewirtschaftet haben, kurz nach ihrem Rauswurf in anderen Versicherungsunternehmen wieder als Board-Mitglied auftauchten.“

Ein ehemaliger Abteilungsleiter eines Versicherungskonzerns

Posés Einschätzung der demokratischen Konzerne ist treffgenau: In einer Aktiengesellschaft bestimmt der Aufsichtsrat den CEO und Vorstand. Der Aufsichtsrat ist zumindest zur Hälfte demokratisch gewählt: Hier sitzen jeweils mindestens drei Vertreter der Arbeitnehmer und der Anteilseigner, wobei der Vorsitzende aus den Reihen der Aktionäre kommt. Pro Aktie gibt es bei der Wahl eine Stimme. Der undemokratische Haken: In der Regel üben die Banken in Vertretung der Aktionäre das Wahlrecht aus, Großaktionäre sind durch ihre Anteile übermächtig. Mit dem Aufsichtsrat wird zudem ein Kontroll- nicht aber ein operatives Regierungsorgan gewählt. Zwar kann dem CEO auf einer Hauptversammlung das Vertrauen entzogen werden. Dies geschieht indes eher bei kleineren AGs und wenn sich die Aktien überwiegend in Streubesitz befinden.

Die schwierige Situation ist erkannt. Die Bundesrepublik nimmt die Top-Entscheider mit dem Gesetz zur Unternehmensintegrität und Modernisierung des Anfechtungsrechts (UMAG) seit 2002 stärker in die Pflicht und stärkt Rechte der Aktionäre. Statt zehn Prozent reichen Anteilseignern nun ein Prozent des Grundkapitals oder ein Nennbetrag von 100 000 Euro, um zu Gunsten des Unternehmens gegen dessen Topmanager vorzugehen.

Das Heer der Kleinteilhaber hat trotzdem viele Stimmen, aber in der Praxis keinen Einfluss auf die Unternehmensführung und die Vorstandsbesetzung. Die wirklichen Machthaber und die formalen sind außerdem nicht identisch. So ist der Vorstand häufig letztendlich Spielball des Aufsichtsrats oder der Aufsichtsrat Spielball der Großaktionäre und bestimmter Interessengruppen. Kaufen sich Großaktionäre ins Unternehmen und in den Aufsichtsrat ein, so verändert sich damit oft auch der Kurs des operativen Managements oder es wird sogar ein neuer Vorstand bestimmt.

Der Trubel an der Spitze sorgt dafür, dass die Herrschaftsphasen immer kürzer werden. Mitarbeiter haben keine Zeit, sich an die neuen Chefs zu gewöhnen, deren Führungsperioden sind zu kurz, um nachhaltigen Wandel zu verankern. Die durchschnittliche Verweildauer eines CEOs in Konzernen beträgt laut der Unternehmensberatung Booz Allan Hamilton 7,2 Jahre, in Telekomkonzernen sogar nur vier Jahre.[10] In vielen Konzernen wird dieser Wert sogar weit unterschritten. Der globale Wettbewerb sorgt zudem für eine noch schnellere Drehung an der Spitze. Die Belegschaft ist damit permanenten Wechseln ausgesetzt. Kaum hat sie sich an einen neuen CEO gewöhnt, kommt auch schon der nächste.

Und dieser nächste wirft alles um, was der alte aufgebaut hat – allein schon weil die Aktienmärkte positiver auf Veränderung als auf Kontinuität reagieren. So sorgt ein neuer CEO fast immer erst einmal für Kurssprünge. Auch personell bleibt selten ein Stein auf dem anderen. Zwei Jahre nach einem Wechsel des Vorstandsvorsitzenden sind auch die meisten anderen Vorstandsmitglieder neu. Zwei Jahre: Das ist ziemlich genau die Zeit, die die „neuen" brauchen, um das Wissen der Alten abzuschöpfen. Der Umbau der Spitze funktioniert auf subtile Weise, sodass sich die „Alten" im Board zunächst in Sicherheit wiegen und glauben, sich halten zu können. Der menschliche Verdrängungsmechanismus tut das seinige. „Ich war völlig überrascht, als ich zwei Jahre nach der Übernahme die Kündigung bekam", so der Vorstand eines durch Skandinavier übernommenen Unternehmens der Getränkebranche.

Neue Besen kehren zwar gut, nur eben oft auch alles Alte über den Haufen – inklusive überlebenswichtiger Wertesysteme. Als die Firmengruppe Spar im Jahr 2002 von dem französischen Intermarché-Konzern übernommen wurde, öffneten plötzlich 47 Intermarché-Märkte ihre Pforten. Spar-Mitarbeiter wurden in Sachen „Soft Skills" geschult. Kein Stein blieb auf dem alten, selbst die Software wurde ausgetauscht. 2005 übernahm Edeka den maroden Konzern und schrumpfte 1700 der 3200 nach der Intermarché-Fusion noch verbliebenen Arbeitsplätze weg. Nachvollziehbar ist vor diesem Hintergrund, dass die verbliebenen Mitarbeiter oft eine zynische Haltung gegenüber ihrem Unternehmen ausgeprägt haben, die Identifikation mit dem neuen Machthaber Edeka nach so vielen Enttäuschungen kaum mehr aufzubauen sein wird.

Keine Shared Values, null Identifikation

„Eine hohe Identifikation mit dem Unternehmen ist die beste Impfung gegen Fehlverhalten und kriminelle Machenschaften", sagt ein Sicherheitschef eines großen amerikanischen Konzerns. Identifikation jedoch entsteht nicht durch Kontrolle, sondern wiederum durch Vorbild und gelebte Werte. Wo Mitarbeiter das Gefühl haben, menschlich behandelt und gefördert zu werden, sind die meisten von ihnen weitgehend immun gegen Verhalten, das dem Unternehmen schadet.

Doch wer im Unternehmen hat wirkliches Interesse daran, Werte dauerhaft zu verankern? Die Manager sicher nicht. Es bleiben die Firmeneigentümer, also die Aktionäre, speziell der Teil von ihnen, der nicht nur auf kurzfristige Gewinne aus ist. Diese aber stehen fernab vom Geschehen, werden mit ökonomischen Daten gefüttert, hochglänzenden Broschüren und Geschäftsberichten beeindruckt, von nichtssagenden Visionen und Versprechungen auf der Hauptversammlung geblendet, haben lediglich Einblick in kurzfristige Entscheidungen. Da sie außerhalb des sozialen Gefüges des

Unternehmens stehen, berührt sie in der Regel nur das, was direkten und am besten schnellen Gewinn bringt. Börsenanalysten sind keine Ethik-Experten. Ethik spielt in die Aktienbewertung nicht hinein, obwohl sie nachweislich 25 Prozent zum ökonomischen Erfolg beiträgt[11]. Doch lieber fördern Analysten und Wirtschaftsjournalisten die Gier der Anleger durch einseitig auf Nachrichten rund um die schnelle Gewinnmaximierung beschränkte Berichterstattung.

Das große Unternehmen, speziell die Aktiengesellschaft, verstärkt schlechte Verhaltensweisen, weil diese Unternehmensform den Nährboden für Gier bereitet. Die Gier der Aktionäre, die Gier der Manager. Gut bezahlt wird, wer dem Unternehmen Gewinn bringt. Auch wenn die deutschen Vorstandsgehälter noch immer unter denen der Briten und Amerikaner liegen, so sind sie seit Ende der 1990er-Jahre in Deutschland doch um unglaubliche 500 bis 1 000 Prozent gestiegen.[12] Zur gleichen Zeit sanken die Reallöhne. Immer mehr geldwerte Bestandteile in den Vergütungsverträgen entziehen sich zudem der Kontrolle und dem Vergleich. So legte der ehemalige Karstadt-CEO Walter Deuss in seinem Auflösungsvertrag fest, dass er Anspruch auf einen Dienstwagen samt Fahrer hat – und zwar bis zu seinem Lebensende. 2006 zog er vor Gericht, um die Überstunden einzufordern, die sein Chauffeur ableistete. Übrigens keine sehr ungewöhnliche Forderung, denn Vorstände lassen sich immer mehr Sonderleistungen in die Verträge schreiben. So genannte Vergütungsberater helfen ihnen dabei, den maximalen Gewinn aus ihren „Arrangements“ zu schlagen. Die meisten dieser Vereinbarungen geraten indes nie in die Medien, weil Gerichtsprozesse à la Deuss die Ausnahme und stille Einigungen die Regel sind.

Da Festgehälter für Vorstände eher Appetitanreger sind und längst das meiste Geld mit Aktienoptionen verdient wird, ist auch der Vorstand vor allem an den kurzfristigen ökonomischen Werten interessiert, mehren diese doch seinen Reichtum am schnellsten. Und weil personeller Abbau der beste und schnellste Gewinntreiber ist, fördert diese Denke wiederum das Abschmelzen von Jobs.

Nur sehr wenige Manager stellen sich der gängigen, rein ökonomisch definierten Werteeinschätzung entgegen – darunter der ehemalige Bertelsmann-Chef und heutige KarstadtQuelle-CEO Thomas

Middelhoff, der leider eine positive Ausnahmeerscheinung unter den deutschen AG-Lenkern ist:

„Die Aufgabe, ein Unternehmen zu führen, definiert sich nicht nur über den Shareholder Value. Damit allein kann man niemandem geistige Orientierung bieten und auch den Mitarbeitern keine ausreichende Identität. Wenn Sie nur den Shareholder-Value verfolgen, dann kreieren Sie ein inhaltsleeres, zielloses, wertloses Unternehmen. Sie werden irgendwann ausgebrannte Mitarbeiter haben, die sich fragen, warum und wofür sie überhaupt arbeiten. Der Wert eines Unternehmens bemisst sich nicht nur nach seinem Börsenwert, nach dem Unternehmensgewinn oder nach irgendwelchen Kurven, sondern danach, ob es wirklich Shared Values gibt."[13]

Kein Vertrauen, keine Leistung

Die meisten Konzerne besitzen keine „Shared Values", also von allen akzeptierte und gelebte Werte mehr. So ist es nicht überraschend, dass das Vertrauen in Organisationen immer weiter sinkt. Hatten 1964 noch durchschnittlich 55 Prozent aller Beschäftigten Vertrauen in ihre Unternehmen, so war dieser Anteil 1999 auf 21 Prozent gesunken.[14] Diese Zahlen sind nach der Jahrtausendwende immer schlechter geworden: Laut einer jährlich wiederholten Studie des Marktforschers „Gallup Organisation" – zuletzt vom 31. August 2005 unter 1800 repräsentativ Befragten aus deutschen Unternehmen – würden nur 13 Prozent ihrem Arbeitsplatz gegenüber eine hohe emotionale Bindung verspüren, 69 Prozent lediglich Dienst nach Vorschrift machen und 18 Prozent überhaupt keine emotionale Bindung an ihren Job besitzen.

Dies hängt auch mit der wachsenden Größe der Unternehmen, deren Brutalität im globalen Wettbewerb und dem immer schnelleren Wechsel auf der Vorstandsetage zusammen – wobei eines das andere bedingt. Eine große Rolle spielt in der Wahrnehmung der Mitarbeiter ohne jede Frage die auf ökonomische Wertschöpfung fokussierte Leistungshonorierung von Top-Managern, die fast automatisch einem bestimmten Typ Manager den Karriereweg bereitet – dazu mehr im nächsten Kapitel.

Fehlende Werteorientierung im Management schafft Orientierungslosigkeit, provoziert unternehmensschädliches Verhalten, fördert nachweislich sogar Kriminalität bei den Mitarbeitern[15] und schadet nicht zuletzt auch belegbar dem wirtschaftlichen Erfolg.

Deshalb wird nach Not-Ankern gesucht, die möglichst einfach, schnell und preiswert die Lösung bringen. 2002 erließ eine Regierungskommission einen in den Medien kaum bekannt gewordenen „Corporate Governance Kodex", der das Ziel hat, die Aktionärsinteressen zu stärken und Unternehmensentscheidungen transparenter zu machen.[16] Dieser Kodex, der etwa die Empfehlung zur Offenlegung von Vorstandsgehältern gibt, wird seitdem jährlich überarbeitet und verbessert.

In vielen großen Unternehmen sind zudem derzeit die Kommunikationsabteilungen damit beauftragt, Lösungen herbeizuzaubern. Natürlich spüren die Firmen dabei sehr unmittelbar, dass sich die Probleme nach den Abbauphasen der letzten Jahre spürbar verstärkt haben, Mitarbeiter sich nicht mehr für ihre Firma krumm machen. Die Unternehmen können einfach nicht mehr auf ihre Mitarbeiter setzen. Diese machen, was sie selbst als Vorteil für sich sehen. Wenn dies bedeutet, sich an Stellen festzusaugen, dann ist es eben das. So hängen bei der deutschen Telekom zehntausende Beamte auf der Gehaltsliste, die schon Jahre nicht mehr arbeiten – man wird sie einfach nicht los und nicht jeder ist alt genug für den Vorruhestand, in den jetzt 20 000 von ihnen geschickt werden sollen. Aber auch Konzerne, die eine weniger spezielle Geschichte haben als die ehemals staatliche Telekom, leiden unter Angestellten, deren Leistungsorientierung unter dem Nullpunkt liegt. Nun sollen es die Kommunikationsabteilungen richten ...

Doch Kommunikation ohne Kern, Werte ohne gelebten Inhalt verpuffen ähnlich wie nie umgesetzte Politikerversprechen im Wahlkampf. Menschen können gelebte Werte sehr wohl von unechten Lippenbekenntnissen unterscheiden, wie verschiedene empirische Untersuchungen zeigten: Sie honorieren speziell Fairness und faire Entscheidungsverfahren auch in Krisensituationen durch höheres Vertrauen und bessere Identifikation.[17] Umgekehrt führen fehlende Werte auch empirisch zu einer „Ist-Mir-Egal"-Haltung.

„Die verdienen alle zu gut, deshalb bleiben sie“

Peter Siegel* arbeitet seit mehr als 10 Jahren in einem börsennotierten Telekommunikationskonzern, der von einem internationalen Konzern übernommen worden ist.

Wie arbeitet es sich bei Ihnen?
Inhaltlich läuft es super, ich reise viel, habe gute Kontakte.

Aber?
Das antisoziale Verhalten greift überall um sich. Es wird mehr plakatiert und sich selbst dargestellt als gearbeitet. Jeder versucht, seinen Stuhl zu retten. Der Moralverlust ist überall spürbar, das ist nicht nur ein Führungskräfteproblem, sondern zieht sich durch alle Ebenen. Ich bilde mir ein, dass sich das gerade in den letzten Jahren sehr verstärkt hat.

Worauf führen Sie das zurück?
Die letzten zwei Jahre schwächeln die Telekommunikationskonzerne. Der Druck der Börse wird immer härter. Eigentlich ginge es uns gut, wir machen Gewinn. Doch die Renditeerwartungen belaufen sich bei über 20 Prozent. Das ist kaum zu erfüllen. Jedes dritte Wort ist „Savings“.

Was ist damit gemeint?
Einsparungen, es geht überall nur um die Frage, wo und wie sich noch mehr sparen lässt. Da werden dann „Fit Programme“ aufgesetzt, bei denen die Mitarbeiter motiviert werden, Sparideen zu entwickeln. Alle Kollegen schauen jetzt nur noch, wie sie beim Nachbarn sparen können. Dann sind sie nämlich nicht selbst betroffen. Das erhöht den Konkurrenzdruck enorm.

Wie ist die Arbeitsmoral?
Schlecht, mehr oder weniger auf Null. Es geht auch nicht mehr ums Arbeiten, sondern nur darum, den eigenen Kopf zu retten. Und das schafft man am ehesten, in dem man flexibel ist und den richtigen Leuten nach dem Mund redet – ich nenne es „opportun“. Leute, die sich selbst gut verkaufen können, kommen weiter. Das ist mehr als ein „Tue Gutes und rede darüber“, das ist ein dauerhaftes Imagepolieren. Das schlägt sich auch in Äußerlichkeiten nieder. Feines Tuch und italienische Anzüge sind jetzt nicht mehr nur bei den Boozies [gemeint sind Unternehmensberater von Booz Allan Hamilton, die Autorin] angesagt. Jeder, der weiterkommen will, investiert erst einmal in seinen Kleiderschrank.

* Name geändert

Sie sagen, seit zwei Jahren hat sich das Jeder-gegen-jeden verschärft. Was hat sich noch konkret verändert?
Das Unternehmen hat beispielsweise die Stechuhr abgeschafft und Vertrauenszeit eingeführt. Das mag auf den ersten Blick sinnvoll erscheinen. Auf den zweiten weiß jetzt niemand mehr, wer wie lange arbeitet. Und es wird sehr viel mehr gearbeitet. Außerdem wurden Einzel- in Großraumbüros umgewandelt. Da sieht man sofort, wer etwas tut und wer nicht. Auch die Umgangsweisen sind härter geworden, trotz des Dus.

Du?
Bei uns müssen sich alle duzen, das wurde so verordnet. Jeder muss – ob er will oder nicht. Ich wollte das nicht. Für mich kommt das einer Aberkennung der Bürgerrechte gleich.

Warum verlassen die Mitarbeiter dann nicht reihenweise das Unternehmen?
Die verdienen alle zu gut. Jeder weiß, dass es auf dem freien Markt mindestens 1 500 Euro im Monat weniger gibt. Die Gehälter wurden lange Zeit hochgeschaukelt. Nun schaut natürlich jeder, dass er so lange wie möglich bleibt.

Wie war es früher, vor der Übernahme?
Da war es formal sauber, sehr preußisch und fast wie auf dem Amt. Der Vorteil war, dass es kein Unrecht gab, weil da viel zu viele Kontrollinstanzen über einen wachten. Aber diese Zeiten sind vorbei. Wir sind jetzt alle „global".

Was ist die Lösung? Gibt es einen Ausweg aus dem Dilemma? Sicher! Zunächst einmal muss jeder akzeptieren, dass die Zeit der festen Arbeitsverhältnisse und der Jobs fürs Leben – zumindest in der Konzernwelt – für immer vorbei ist. Eine finanzielle Grundsicherung befreit von dem Zwang, ohne Unterbrechungen Geld verdienen zu müssen. Und in Unternehmen können viele variable und wenige konstante Jobs geschaffen werden. Die variablen Jobs sind Zeitarbeits- und Freelancerverträge, die der hohen Drehzahl der Veränderungen im globalen Wettbewerb sehr viel besser entsprechen als bisher übliche lebenslange Bindungen. Dabei muss es offene Arrangements zwischen Arbeitgeber und Arbeitnehmer: Jeder soll jeden für seine Zwecke nutzen, mit fairen Mitteln und ohne ihn auszubeuten. Dann kann Wirtschaft sein wie sie vor dem Hintergrund des globalen Wettbewerbs sein muss. Und niemand braucht sich zu verstellen. Wie das aussehen kann, führe ich ab Seite 113 aus. Als Nächstes widme ich mich der Führung von Unternehmen, den Köpfen an der Spitze.

Der Fisch stinkt vom Kopf: Von psychopathischen Top-Managern und cholerischen Mittelstandschefs

Das bereits in den 1960er-Jahren erfundene Peter-Prinzip erklärt schlechten Führungsstil und besagt: „In einer Hierarchie neigt jeder Beschäftigte dazu, bis zu seiner Stufe der Unfähigkeit aufzusteigen.“ Oder anders ausgedrückt: Nach einer gewissen Zeit wird jede Position von einem Mitarbeiter besetzt, der unfähig ist, seine Aufgaben zu erfüllen. Auf den jeweiligen Hierarchiestufen sitzen also lauter unfähige Leute. Das gilt umso mehr für die Unternehmensspitze, denn höher als ganz nach oben kann kein Manager klettern.

Die Köpfe der Unternehmen sind zwar sehr entfernt von der Basis, bestimmen deren Stil aber mit. Sie liefern anderen die Argumente, es ihnen gleich zu tun und sich unmoralisch zu verhalten. Sie hätten es in der Hand, Veränderung herbeizuführen. Damit sind sie die Keimzelle des Jeder-gegen-jeden-Kreislaufs in den Unternehmen – im negativen wie im positiven Sinn.

Ein vorbildlicher Unternehmenskopf war Kai Hafner. Hafner war ein „Guter“, sagen die Wal-Mart-Mitarbeiter, fast hätte man sich an ihn gewöhnt. Obwohl ihn jeder kannte, reihte sich der Kai jeden Morgen ohne Starallüren in die Reihen ein und zeigte wie alle anderen seinen Mitarbeiterausweis. Er lächelte freundlich und redete mit den Associates, den Partnern, wie Wal-Mart seine Mitarbeiter nannte. „Ein Vorbild für die Belegschaft, anders als die CEOs vor und nach ihm“, erinnert sich ein Manager.

Leider blieb Hafner wie andere vor und nach ihm nur vorübergehend. Sechs deutsche CEOs in acht Jahren: Die durchschnittliche CEO-Verweildauer von fünf Jahren wurde bei dem inzwischen an die Metro-Gruppe verkauften größten Konzern der Welt deutlich unterschritten. Drei Jahre hielt sich Hafner auf dem wackligen Sattel, in dieser Zeit kam es zum Medieneklat wegen der berüchtigten Wal-

Mart-Ethik-Richtlinie, die unter anderem Liebesbeziehungen von Angestellten und Vorgesetzten untersagte (was von den Medien als Einmischung in die Privatsphäre gewertet und über Monate aufgebauscht wurde). Dann warf er entnervt das Handtuch. Hafner hatte versucht, dem Konzern seinen besseren Geist einzuhauchen, doch leider war auch er an der fast unmöglichen Aufgabe gescheitert, dem durch und durch amerikanischen Wal-Mart genügend deutsche Kunden zu verschaffen und das Unternehmen in die Gewinnzone zu ziehen.

Je schlechter es läuft, desto öfter kommt ein neuer. Es zählt dabei nur der Gewinn und bei etablierten Unternehmen vor allem der kurzfristige Gewinn an der Börse. Bezeichnend, dass Josef Ackermann, Chef der Deutschen Bank, sich seit 2002 an der Spitze hält. Bezeichnend auch seine Haltung im Mannesmann-Prozess. Deutschland sei das einzige Land, in dem jemand, der Werte schafft, auf die Anklagebank geschickt würde, formulierte er damals beleidigt. Für ihn war die Bedeutung des Wortes „Werte" völlig klar: Er meinte damit Börsenwerte. Zynischerweise war der Börsenwert, den Klaus Esser, seinerzeit Vorstand von Mannesmann, geschaffen hatte, alles andere als langfristig.

Der innere Antrieb eines Top-Managers muss der Wunsch nach Gewinnoptimierung sein. Menschen, die von diesem Wunsch getrieben sind, sind logischerweise keine passionierten Gutmenschen und Weltverbesserer (sonst hätten sie einen anderen Beruf gewählt). Sie sind oft nur zufällig integre und anständige Menschen. Das liegt daran, dass sie ihren Job vor dem Hintergrund bestimmter persönlicher Strukturen und Ziele ausfüllen – im Kontext ihrer beruflichen Orientierung.

Aus psychologischer Sicht besitzt jeder Mensch eine solche berufliche Orientierung, die sozusagen der Motor seines Handelns ist. Eine der möglichen Berufsorientierungen ist die so genannte Karriereorientierung.[18] Dabei sind Macht und Einfluss die dominierenden persönlichen Motivatoren. Ist das gegebene Wertebewusstsein dieser Menschen nicht ausgeprägt genug, wuchert das Streben nach Macht und Einfluss ungehemmt. Den Karrieristen ist dann so manches Mittel recht. Die typischen Karrieristen sind die natürlichen Gewinner des Klassenkampfs um die verbleibende Arbeit. Sie behalten ihre Jobs, die andere mit 45 verlieren, auch noch mit 60.

Auf dem Weg nach oben muss der Manager so manche Intrige gesponnen, so manchen Konkurrenten ausgestochen und gegnerische Strömungen zurückgedrängt haben. Weder die besten Führungskräfte noch die anständigsten Menschen werden Top-Manager. Top-Manager werden flexible Machthungrige, die zur Not über Leichen gehen.

Ihr höfliches, gebildetes und oft sogar charmantes Auftreten ist dabei die perfekte Tarnung. Die wenigen Manager, die zwar vom Macht- und Einflusshunger angetrieben sind, aber auch ethische Prinzipien verfolgen, werden von der Muttergesellschaft, dem Aufsichtsrat und/oder den Aktionären nicht selten abgestraft. So setzten sich in den Großkonzernen mehr und mehr die Corporate Psychopaths durch – machthungrige und intelligente, aber emotional verarmte Menschen.

Corporate Psychopaths

Viele Top-Manager fallen unter den Begriff „Corporate Psychopath", die das US-Wissenschaftsmagazin „New Scientist" als „Schlangen in Nadelstreifen" bezeichnete. Sie sind nach der Definition von Hervey Cleckley[19] manipulativ und rücksichtslos. Andere Menschen bedeuten ihnen nichts. Damit einher geht die Unfähigkeit, tiefere menschliche Bindungen zu entwickeln. Sie sind fast immer höflich und haben Manieren, stammen oft aus gutem Hause. Meist gelten sie sogar als charmant.

So soll sogar der Lieblingsfeind der Medien, Josef Ackermann, der mit seinem Victory-Zeichen beim Mannesmann-Prozess – das Ex-Bundeskanzler Gerhard Schröder bei einem Treffen ein „Na, Sie Oberheuschrecke" entlockt haben soll – in die Wirtschaftsgeschichte einging, eine umgängliche und charmante Seite besitzen. Obwohl über ihn auch gesagt wurde: „Und schon damals kann er auf dem Flur selbst an engen Mitarbeitern vorbeigehen, ohne sie anzuschauen. Wer ihn mag, hält ihm zugute, dass er gerade nachdenkt. Der Rest hält ihn für arrogant."[20]

Der amerikanische Wirtschaftspsychologe Paul Babiak beschreibt den „Corporate Psychopath" im US-Wissenschaftsblatt New Scientist am Beispiel des fiktiven Managers „Mike". Er definiert dabei eine Chefpersönlichkeit, die auch in Deutschland in fast allen Unternehmen zu finden ist: „Er war die geborene Führungspersönlichkeit, kreativ, energisch, ehrgeizig. Mike schien der ideale Kandidat für das schnell wachsende Elektronikunternehmen zu sein (...). Vielleicht kennen Sie jemanden wie Mike. Jemanden, der charmant ist, aber aggressiv, ein manipulativer Cheftyp, der sich nicht mit simplem Papierkram abgeben will, jemanden, der immer nur den Menschen gegenüber loyal ist, die ihm gerade nutzen."[21]

Mikes gibt es viele. Es sind Menschen, die Golf und Klavier spielen, sich für Kultur interessieren, redegewandt sind – und selten direkt als eiskalte Psychopathen ins Auge fallen. Oft nehmen sie allerdings eine interessante charakterliche Entwicklung, werden vom charmanten Ellenbogen-Karrieristen zum eiskalten Psychopathen.

Fast alle Top-Manager beginnen ihre Karriere als Protegé eines anderen. Sie haben anfangs stets Freunde und Verbündete. Interessant ist, dass gerade die Manager am härtesten zu werden scheinen, die von den eigenen Weggefährten enttäuscht wurden – was auf den hart umkämpften oberen Etagen eher die Regel denn die Ausnahme ist. Diese Manager verändern sie sich. Psychopatische Züge, bisher unter einem Lächeln schlummernd und von Charme verdeckt, treten dann nach außen und werden auch von der Umgebung registriert. Interessant für mich war es, den Insiderbericht eines Stab-Mitarbeiters zu hören, der drei Jahre bei einem bekannten und umstrittenen Top-Manager in Deutschland arbeitete. Sein Fazit: „Das ist nicht nur das Bild, das die Medien zeichnen, dieser Mann ist wirklich so."

Erfolg macht einsam. Auch im Kopf. „Top-Führungskräfte sind oft unsicher, wem sie vertrauen können", sagt Axel Janßen, Business Coach und Vorstand des Deutschen Verbands für Coaching und Training e.V. (dvct). Hinzu kommt ein Verlust des Gefühls für eigene Grenzen: Da Manager kaum ehrliches Feedback aus ihrem engen Kreis erhalten, stellen sie ihre eigenen Gedanken und Verhaltensweisen nicht mehr in Frage. Sie können keine aufrichtigen Freundschaften mehr schließen, die Menschen, mit denen sie sich umgeben, ebenso wenig. Das führt zu einem sich verstärkendem Kreislauf.

Eine steile Karriere wird oft erst durch wechselnde Allianzen ermöglicht. Nicht ohne Grund ist „Flexibilität" eine der Eigenschaften, die Recruiter, also Personalanwerber als wesentlich für den Erfolg erachten. Flexibilität bedeutet in seiner negativen Ausprägung eben auch, keine eigenen Werte und Maßstäbe zu haben oder vielmehr diese dem jeweiligen Bedarf anzupassen. So ist es auch völlig normal, dass Manager ehemalige Freunde und Gefährten fallen lassen, wenn diese ihnen nicht mehr nützlich sind – zumindest aber dann, wenn sie ihnen oder der Karriere im Weg stehen. Dies führt bis hin zu gezielten Informationsstreuungen, die das Ziel haben, den ehemaligen Freund oder Verbündeten zu stürzen.

Was sind das für Menschen, die Karriere in einem Unternehmen machen? Der amerikanische Psychoanalytiker Michael Maccoby hat schon in den 1970er-Jahren vier Managementrollen definiert, von denen der des so genannten „Dschungelkämpfers" sich mit dem Corporate Psychopath weitgehend deckt. Dieser negative Menschentypus sieht vorwiegend das Schlechte in seiner Umwelt. Er arbeitet nur für den eigenen Erfolg und teilt die Mitmenschen in Freunde und Feinde ein. Davon kann er nicht genug bekommen: Alle Studien haben ergeben, dass Anreize – wie etwa ein hohes Gehalt – wie eine Droge nur sehr kurzfristig Befriedigung auslösen und die „Dosis" stetig gesteigert werden muss. Dies sorgt für ein dauerhaftes Streben nach Mehr.

Wer die Liste der deutschen Vorstandsvorsitzenden durchgeht, kann hinter vielen von ihnen „Corporate Psychopaths" vermuten: Knallharte Manager, die vor allem die eigenen Interessen verfolgen, was selbstverständlich niemand zugibt und auch keiner von sich selbst glaubt. „Meine drei Grundprinzipien sind Wahrheit, Klarheit, Konsequenz. Es ist eine Frage des Anstands, dass man die Wahrheit sagt", formuliert etwa der EnBW-Vorstandsvorsitzende und bekennender Hardliner Utz Claassen. Er sagt – und liegt damit auch im ethischen Sinn durchaus richtig –, dass es sozialer sei, ein großes

Unternehmen zu sanieren und wettbewerbsfähig zu machen als nichts zu tun. Aber das ist auch gar nicht der springende Punkt. Die Frage ist vielmehr, welche persönlichen Motive einen Top-Manager antreiben, seine Karriere zu forcieren. Ist es Geld, persönliche Geltungssucht? Ehrgeiz? Diese Motive wirken sich unmittelbar auf seine Handlungen aus.

„Nicht darauf, wie viel geleistet wird, kommt es an. Sondern wie und mit welcher Motivation die Leistung erbracht wird“, sagt Gregor Schönborn von der Beratungsfirma Deep White. Manager, die sich streng an Zahlenzielen wie Umsatz und Rendite orientieren, nennt er „Erfolgskiller“.[22]

Zur Motivation und der Werteorientierung mancher Top-Manager ist in den Medien viel zu lesen. Bilanzfälschung, Mobbing, Vorteilsnahme und gegenseitiges Ausbooten - nur wenig kann den "Saubermännern" nachgewiesen werden. Zumal auch diejenigen, die von unsauberen Methoden profitieren nicht immer so reagieren, wie sie reagieren sollten - mit einem klaren "Nein" und deutlicher Ablehnung. Korrekt war in diesem Zusammenhang beispielsweise das Verhalten der Baden-Württembergischen Umweltministerin, die ihr von einem Unternehmen angebotenen VIP-Tickets zur Fußballweltmeisterschaft 2006 ablehnte.[23] Wahrheit und Klarheit – nicht immer sind es Lippenbekenntnisse.

Nebenbei erwähnt ist Claassen übrigens ein Meckie, ein Ex-McKinsey-Mann. McKinsey-Leute sitzen überall in den Chefetagen, ganz besonders gern heuern sie bei den Dax-Unternehmen an – die kennen sie schließlich oft aus ihrer früheren Beratertätigkeit. Allein bei der deutschen Post sind acht der 15 Board-Mitglieder ehemalige Meckies. Diese „trimmen“ Unternehmen auf Effizienz, das ist das Lieblingswort der Berater und Messlatte zugleich. Meckies arbeiten zwölf Stunden am Tag und finden das normal. Wo diese Art von Effizienz dominiert, bleibt Ethik zwangsläufig auf der Strecke. Denn auch die McKinsey-Effizienz ist ebenso wie die der Konzerne rein ökonomisch definiert.[24]

Vom Corporate Psychopath zur CI (oder auch zur „Corporate Irrenanstalt")

„Es ist schon krank, wie bei uns gesoffen wurde, wenn wir mit den Kunden unterwegs waren. Wir mussten alle mitmachen, sonst war es aus mit der Karriere. Mein Vorstand trank auch, wenn keine Kunden dabei war; er war Alkoholiker. Er hatte immer Schnaps im Schrank. Damit die anderen nichts merkten, aß er Knoblauch pur. Er stank, das war unwahrscheinlich. Unter seiner Ägide verfielen die Sitten total, alle Abteilungsleiter gaben nur noch Befehle und schrieen rum. Es war schlimmer als in der Armee."

Ehemaliger Prokurist eines Versicherungskonzerns

Ein Corporate Psychopath, der vor allem an der Schaffung von Börsenwerten interessiert ist und seinem eigenen Interesse beharrlich folgt, schafft ein Umfeld, das ebenso psychopathische Züge trägt wie er selbst. Dies beginnt schon auf der personellen Ebene: Schließlich entscheidet der CEO über andere Führungspersonen im Unternehmen zumindest mit. Einem neuen CEO folgen zudem fast immer innerhalb von zwei bis drei Jahren neue Vorstandsmitglieder.

Ein Mensch, der über die personelle Zusammensetzung seines Stabs allein nach Machtkriterien bestimmt, wird Mitarbeiter bevorzugen, die er persönlich kennt oder die primär Wissen aus einem Konkurrenzumfeld mitbringen. Oft ist es ihm zudem wichtig, dass der „Neue" für ihn keinen Wettbewerb darstellt, dass er loyal ist, keinen Widerstand gegen die eigene Politik leistet. Es ist eher Gesetz des Zufalls als bewusst gesteuerter Personalpolitik, dass sich in Unternehmen immer wieder auch „gute" Menschen finden, die weniger machtinteressiert sind und im Zweifel unternehmerische Interessen über ihre eigenen stellen. „Inseln voller Wärme" nennt die Mitarbeiterin eines Konzerns die von guten Führungskräften geleiteten Abteilungen in ihrem ansonsten macht- und traditionsgetriebenem Konzern. „Da herrscht ein ganz anderes Klima als überall sonst."

Konflikte mit der an sozialen Fähigkeiten von Haus aus interessierten Personalabteilung sind in großen Unternehmen an der

Tagesordnung. Personalvorstände sind allerdings sehr selten so mächtig wie ein Peter Hartz (wobei sich seine Macht im Nachhinein als eher unselig herausstellte), neun von dreißig Dax-Unternehmen haben gar keinen Personalvorstand im Board, darunter bezeichnenderweise auch die Deutsche Bank oder das durch offen ausgefochtene interne Machtkämpfe bekannt gewordene Infineon. Die meisten Personalvorstände sind zudem noch mit anderen Bereichen betraut, sind also multifunktionale Vorstände. Nur ein Bruchteil der Personalvorstände war zudem vor seiner Beförderung ins Board mit Personalfragen betraut. So kommt es, dass viele Vorstände für Personal- und Sozialwesen aus dem technischen Bereich oder aus den Naturwissenschaften stammen.

Die Beobachtungen bei vielen Unternehmen zeigen zudem: Auf hoher und höchster Ebene hat die Personalabteilung selten viel zu melden. „Es ist frustrierend. Ich renne gegen Wände, meine Empfehlungen werden einfach abgeschmettert. Bei den Entscheidungen der Manager spielt Können eine untergeordnete und soziale Fähigkeiten gar keine Rolle“, so die Personalmanagerin eines großen Unternehmens. Wenn der Top-Manager einen bestimmten Mitarbeiter haben will, dann wird er sich mit seinem Wunsch gegen die Personalabteilung, von vielen lediglich als Platzanweiser in den Unternehmen wahrgenommen, mit links durchsetzen. Wo indes Menschen ohne soziale Fähigkeiten an der Spitze unkontrolliert herrschen, setzt sich unternehmensschädigendes Verhalten durch.

Verhaltensweisen färben auf das mittlere und untere Management ab, das auch bei Führungswechseln im Board oft erhalten bleibt. Auf diesen Ebenen bricht früher oder später die Identifikation mit dem Unternehmen weg, das ewige Hü und Hott stumpft ab. Die Basis, also der normale Mitarbeiter, hat die innere Kündigung oft sogar schon früher ausgesprochen (siehe Seite 43).

Ein Indikator für fehlende Identifikation mit Unternehmen ist die Verachtung, mit der Mitarbeiter über ihr Unternehmen sprechen, wie wenig sie sich mit ihm identifizieren, für wie verrückt sie „die da oben“ halten und wie „bescheuert“ ihre Entscheidungen sind. Das sind zwar Stammtischparolen, aber diese spiegeln Denkweisen und schädigen ein Unternehmen: Ein Mitarbeiter, der die Führung als Feind ansieht, wird sich stärker gegen sie engagieren, zum Beispiel in Gewerkschaften. Er wird zusehen, dass er bei minimalem Aufwand das Beste für sich selbst herausholt. Und er wird keine Skrupel haben, Unternehmensressourcen zu nutzen, etwa um privat im Internet zu surfen oder Kopierpapier mit nach Hause zu nehmen.

Ganz klar mit einem „kranken“ Führungsstil zu tun hat Mobbing, das bei der bewussten Streuung von Gerüchten und Unwahrheiten beginnt und bei gezielter Ausgrenzung noch lange nicht endet. In manchen Unternehmen sind ganze Abteilungen am Mobbing beteiligt. So ist es in einem norddeutschen Unternehmen üblich, dass unliebsame Mitarbeiter in leere Räume gesperrt und bewusst ignoriert werden, bis sie kündigen. Das ist japanischer Stil: In japanischem Unternehmen wird grundsätzlich nicht gekündigt, sondern so lange ignoriert, bis der unerwünschte Mitarbeiter freiwillig geht. Ein anderes Unternehmen macht Mitarbeiter, die es loswerden will, zuerst durch gezielte Kritik mürbe und zwingt sie dann zur Unterschrift unter den Aufhebungsvertrag. Da das Selbstbewusstsein dann bereits angeschlagen wird, ist die Unterschrift wahrscheinlich.

Gemobbte Mitarbeiter sind in ihrer Leistungsfähigkeit reduzierte Mitarbeiter: Auf 40 Milliarden schätzt die Frankfurter Fairness Stiftung den jährlichen volkswirtschaftlichen Schaden, der durch Mobbing entsteht. Mobbing gedeiht in der typisch machtorientierten Atmosphäre traditioneller Betriebe und Konzerne: Dort, wo von oben diktiert wird und nicht gelobt, sondern nur getadelt wird. Dort, wo bei Problemen nur Sündenböcke gesucht werden. Es passiert zum Beispiel dort, wo ein „Neuer“ alte Hackordnungen stört und sich nicht in die Rangfolge fügt. Und auch auf höchster Ebene: So sollen Vorstände schon die ihnen unterstellten Manager persönlich über Jahre systematisch gemobbt haben[25], bis diese krank wurden.

Aus einem Mobbing-Protokoll

11.10.2004: Verbreitung von Verleumdungen und bewusst falschen Angaben.

11.10.2004: Verletzung des Datenschutzes/Aufforderung zur Mailbox- und Internet-Statistik.

11.10.2004: Aufforderung der IT zur Kappung des EDV-Zugriffs, obwohl der Home-Office-Vertrag noch bis März 2005 gültig ist.

13.10.2004: Der Kläger wird auf Distanz zu Kollegen alleine in den bisherigen Besprechungsraum gesetzt.

13.10.2004: Der Kläger wird mit stumpfsinniger Arbeit eingedeckt.

13.10.2004: Der Kläger benötige aufgrund der Art seiner Aufgaben weder ein Telefon noch einen PC.

13.10.2004: Der Kläger wird vom Bereichsleiter ablehnend am neuen Arbeitsplatz empfangen.

14.10.2004: Die Arbeitszeit des Klägers beginnt entgegen einer Betriebsvereinbarung morgens um 8:00 Uhr.

14.10.2004: Der Schreibtisch des Klägers wird gegen einen erkennbar minderwertigen Schreibtisch getauscht.

14.10.2004: Der Schreibtisch des Klägers wird von der Abteilungsleiterin so platziert, dass man ihn vom Gang aus überwachen kann.

14.10.2004: Der Kläger erhält die Anweisung, dass seine Türe ganztägig geöffnet zu bleiben hat.

14.10.2004: Der Kläger erhält seine Anweisungen als Zeichen der Geringschätzung fast immer nur über Dritte.

14.10.2004: Der Kläger wird angewiesen, ein Fuhrparkfahrzeug aufzutanken.

15.10.2004: Nachtrag: Ekelerregende PC-Tastatur.[26]

Je weniger eine Führungsperson durchgreifen kann oder will, desto stärker grassiert das systematische Ausgrenzen von Kollegen. Mobbing-Studien legen nahe, dass unfaires Verhalten vor allem dort überdurchschnittlich hoch ist, wo hierarchische Strukturen, eine machtorientierte Führung, wenig Eigenverantwortung und viel Stress üblich ist, etwa im sozialen Bereich oder bei Banken.

Ein Beispiel aus dem sozialen Umfeld:

„(...) Bis er mir das innerhalb eines Jahres systematisch kaputt gemacht hat. Er hat mich in anderen Abteilungen denunziert, behauptet, ich würde Lebensmittel aus dem Kühlschrank von anderen Mitarbeitern mitnehmen, blaumachen (als ich arbeitsunfähig war), hat mir Arbeitsmängel vorgeworfen (gerade bei schwierigen Arbeitsvorgängen, die ich sonst neuen Kollegen beibringe et cetera), vor Patienten niedergemachet et cetera."[27]

Weiteres Merkmal von Unternehmensneurosen ist die Fluktuation im Betrieb, die in wirtschaftlichen Krisenzeiten künstlich niedrig gehalten wird, da Mitarbeiter – besonders ab einem bestimmten Alter – an ihrem Job kleben. Umso auffälliger ist, dass manche Unternehmen – gut zu beobachten anhand der Stelleninserate – alle paar Monate die gleichen Stellen neu besetzen müssen.

Eine schlechte Führungskraft sorgt fast zwangsläufig für ein gestörtes Klima im Betrieb und verringert die Leistungsfähigkeit. Sie ist diejenige, die mieses Verhalten zulässt – oder es engagiert unterbindet. Allerdings üben Konzern-Manager hier – auch durch ihre hohe Wechselfrequenz – einen weniger prägenden Einfluss aus als Führungskräfte in kleineren und mittleren Betrieben. Die Distanz, die Identifikation verhindert, schafft auf der anderen Seiten auch den Abstand, der es einzelnen Bereichen möglich macht, sich durch gute Führung vom Rest abzugrenzen. Die schlechte Führung eines mittelständischen Unternehmens dagegen wirkt sich unmittelbar auf die gesamte Organisation aus.

„Ich hätte nie geglaubt, dass das wirklich so ist"

Interview mit Annika Müller*, Führungsnachwuchskraft bei einem großen Konzern in Süddeutschland.

Wie hat sich Ihr Berufsleben bisher gestaltet?

Nach dem Studium bin ich als Trainee eingestiegen. Als das Programm abgeschlossen war, habe ich als Vorstandsassistentin gearbeitet. Inzwischen bin ich im Führungsnachwuchsprogramm. Insgesamt arbeite ich seit vier Jahren in diesem Konzern.

* Name geändert

Wie haben Sie diese vier Jahre erlebt?
Mit vielen Überraschungen und immer wieder: mit Staunen. Ich hatte keine Ahnung, was in einem Unternehmen wirklich abgeht. Mir zieht es teilweise richtig die Schuhe aus, etwa mit Blick auf unternehmensinterne Seilschaften. Ich habe das Buch „Wahnsinnskarriere“ von Wolfgang Schur[28] gelesen. Er beschreibt darin, wie man wirklich Karriere macht. Ich dachte am Anfang, das sei alles überzogen und überspitzt. Aber das stimmt nicht: Es ist wirklich so. Am Anfang wollte ich das einfach nicht glauben, dass Karrieremachen so sein kann.

Wie meinen Sie das – dass Karriere so sein kann?
Nicht der Beste, sondern der mit den stabilsten und besten Kontakten kommt weiter. Speziell bei uns herrscht eine Traditionskultur, gegen die man nicht ankommt. Personalentscheidungen haben jedenfalls nichts mit Kompetenz zu tun. Richtig gute Leute rennen so lange gegen Wände, bis sie zur Konkurrenz gehen.

Welche Leute haben denn die größten Probleme?
Die, die unbequem sind und ihre Meinung sagen. Oder auch einfach nur zu gut sind. Es wird nicht gern gesehen, dass jemand gut ist, darin zeigen sich dann ja auch eigene Schwächen – so denken viele Führungskräfte bei uns wirklich.

Viele Angestellte berichten von alltäglichen Machtspielen. Haben Sie das auch erlebt?
Oh ja. Die wichtigste Diskussion dreht sich um Verantwortlichkeiten. Wer ist verantwortlich? Wer macht den Umsatz? Wer bekommt das größte Budget? Die Budgetbesprechungen sind Machtkämpfe. Jeder argumentiert, warum er mehr Geld braucht. Das geht mit aller Härte zu. Aussagen wie „Ich will soundsoviel haben“ sind an der Tagesordnung. Geld ist für diese Führungskräfte gleichzusetzen mit Macht und Einfluss der jeweiligen Abteilung. Deshalb hat auch niemand ein Interesse daran zu sparen, sondern gibt lieber möglichst viel aus, damit er im nächsten Jahr noch mehr bekommt.

Welche Rolle spielen die Chefs?
Es gibt gute, schlechte und mittlere. Mein eigener Ex-Chef war ein mittlerer: Er konnte kein Feedback geben und Dinge klar sagen. Deshalb hat er viel vor sich hergeschoben und vor sich hin gewurstelt. Am Ende prallte alles auf ihn zurück und dann hat er anderen die Schuld in die Schuhe geschoben. Dabei wären die Probleme mit regelmäßiger Aussprache nie so groß geworden und die Situation wäre auch nicht eskaliert. Mein Chef hat das Führen nicht gelernt. Davon gibt es viele hier.

Was hat Sie in Ihrer beruflichen Laufbahn am meisten geschockt?
Mein größtes Schockerlebnis war die Zusammenarbeit mit meiner neuen Chefin. Sie ist eine der wenigen Führungsfrauen im Konzern, die immer von anderen gefördert worden ist. Jetzt erlebe ich, dass sie das, was sie selbst erfahren hat, nicht weitergibt. Da gibt es kein Zuckerbrot mehr, nur noch die Peitsche. Sie ist außerdem nicht solidarisch zu den Frauen, wie ich es erwartet hätte.

Was würden Sie als Managerin anders machen?
Manager sollten sich rundum wohl und gut fühlen können, ebenso wie Mitarbeiter. Das hat etwas mit guter Führung zu tun. Ein Manager braucht kein detailliertes Fachwissen, er muss Menschen leiten und motivieren können. Das strahlt auf die Mitarbeiter aus. Das Ziel der Wirtschaft ist doch die Gewinnung von Kunden. Ich bin persönlich überzeugt, dass Kunden glückliche Unternehmen auch erspüren. Zufriedenheit in der Firma strahlt nach außen und macht ein Unternehmen deshalb langfristig erfolgreich. Insofern könnten viele Unternehmen noch viel erfolgreicher sein, wenn Sie andere Menschen beförderten. Man darf diesen schlechten Führungsstil einfach nicht dulden. Entscheidend ist also die Person, die ganz oben sitzt – und Dinge zulässt oder eben nicht.

Corporate Diebstahl (CD)

Von der CI ist es nicht mehr sehr weit zum CD – zum Corporate Diebstahl. Dabei ist es ein Phänomen unserer Zeit, dass besonders schlitzohriges Betrügen und Abzocken sogar Bewunderung auslöst und die Karriere beschleunigt.

Folgendes Beispiel schaffte es im Jahr 1999 zufällig in die Presse:

Eine neue kriminelle Dimension führten um Pfingsten zwei Mitglieder der Konzernleitung eines Pharmaunternehmens vor. [Sie] hatten während fast eines Jahrzehnts – unbemerkt von interner Kontrolle – weltweit geheime Preisabsprachen im Vitamingeschäft getroffen und damit ihren Kunden bis zu 25 Prozent überhöhte Preise abgezockt. Dieser insgesamt milliardenschwere Schwindel bescherte [dem einen] ein Image als cleverer Verkäufer und optimierte seine Chancen zum Aufstieg in die Konzernleitung. (...) Zwar muss [er] jetzt vier Monate hinter Gitter, aber für den (...) Pharmakonzern ist der Schaden kaum ermesslich: 750

Millionen Franken kostet allein die Buße, auf die [er sich] mit den amerikanischen Justizbehörden geeinigt hat. Dazu kommen weitere Bußen in Europa, Folgekosten der zwanzig Sammelklagen, freiwillige Wiedergutmachungszahlungen – und eine ungeahnte Zersetzung des Vertrauens.[29]

Ungewöhnlich an dem Fall ist nur, dass er öffentlich wurde. Es ist meiner Erfahrung und meinen Recherchen nach absolut üblich, dass Abzocke als Cleverness gewertet wird. Es ist auch üblich, dass die gleichen Manager, die öffentlich auf Kongressen, in Zeitungen und Talkshows von Werten sprechen, in vertrautem Kreis demjenigen auf die Schulter klopfen, der es geschafft hat, möglichst viel Gewinn für das Unternehmen herauszuschlagen – auf welche Kosten auch immer und auch unter Umgehung interner Kontrollmechanismen wie etwa der Revision. Hauptsache, die „Tat" wird nicht öffentlich bekannt. Dies ist ein Grund, aus dem sich Top-Manager selten schriftlich äußern: E-Mails enthalten niemals Aussagen, auf die sich jemand anderes später berufen könnte oder die Zustimmung signalisieren könnten: Bloß keine Spuren hinterlassen. Fehlverhalten lässt sich daher ganz schwer nachweisen. Dies gibt im Fall des Öffentlichwerdens von Preisabsprachen oder anderen illegalen und unfairen Handlungen Spielraum für Dementis.

Wenn die Unternehmensspitze betrügt, scheut sich auch die Basis weniger vor kriminellen Handlungen. Aber der Chef muss kein Krimineller sein, um Mitarbeiter zu unmoralischem Verhalten zu animieren. Es reicht eine kaum wahrnehmbare Unzulänglichkeit der Haltung. Wo die Führungsebene zu unfairem Verhalten neigt, steigt die Diebstahlquote. Der amerikanische Psychologe Greenberg untersuchte drei Betriebe, von denen zwei wegen wirtschaftlicher Schwierigkeiten Gehaltskürzungen verordnet hatten. In einem Betrieb wurden Mitarbeiter in Entscheidungen einbezogen, die Manager gingen verständnisvoll mit den Angestellten um und bemühten sich um Transparenz ihrer Entscheidungen. Die Manager des anderen Betriebs stellten die Belegschaft vor vollendete Tatsachen und warben nicht für ihre Entscheidung. In diesem Betrieb stieg die Diebstahlrate auf acht Prozent, in dem transparenten und kommunikativem Unternehmen auf fünf Prozent. Der Vergleichsbetrieb ohne Gehaltskürzungen hatte eine Rate von drei Prozent. Spätere Studien unter Laborbedingungen bestätigten das Ergebnis: Je härter und unfairer die Unternehmensspitze, desto geneigter sind Mitarbeiter, sogar Verbrechen zu begehen. Bisher nicht untersucht, aber wahrscheinlich ist ein Zusammenhang zwischen schlechter – also machtorientierter und unfairer – Führung und Kriminalität im Unternehmen, auf den ich später noch einmal ausführlicher eingehe.

Die Greenberg-Untersuchungen sowie meine Gespräche mit Veränderungsmanagern legen nahe, dass der Neurosefaktor kaum etwas mit Entlassungen oder einer schwierigen wirtschaftlichen Lage zu tun. Schwierige wirtschaftliche Lagen verstärken nur das, was auch sonst schon latent vorhanden ist. Der Schluss, der daraus zu ziehen ist: Wenn die Mitarbeiter der Allianz-Versicherung angesichts aktuell verkündeter Stellenstreichungen die Unternehmenskultur zu Grabe tragen, so war es vermutlich schon zuvor nicht gut um sie bestellt.

Gerade in schlechten Zeiten zeigt sich, ob die Mitarbeiter gut geführt und Entscheidungen glaubwürdig kommuniziert werden. Firmen mit einer anständigen Unternehmenskultur bewahren auch nach dem – fair durchgeführten – Abbau ihren guten Ruf.

Der Mittelstand: Cholerische Chefs und halbverrückte Inhaber

Der Unterschied zwischen einem managementgeführten Konzern und einem inhabergeführten Unternehmen fokussiert sich auf eine einzige Person: den Chef „vom Ganzen“ oder der Besitzerfamilie. Dieser Chef bestimmt das Klima, entscheidet über Kultur und Unkultur, Stil und Stillosigkeit, Moral und Unmoral. Bei großen inhabergeführten Unternehmen wie etwa Henkel gilt das mit Einschränkungen, denn die Inhaberfamilie ist nicht oder kaum mehr am operativen Geschäft beteiligt, sodass das System konzernartige Züge trägt. Bemerkbar macht sich das in sehr unterschiedlichen Führungsstilen bei Tochterfirmen. Wenn sich die Inhaberfamilie herauszieht, kann es sein, dass auch gegen ihren Willen und Geist entschieden wird. So haben die Eigentümer eines bekannten Familienunternehmens laut einer internen Information und noch nicht pressewirksam kürzlich entschieden, sich wieder in das Tagesgeschäft einzubringen, weil sie sich mit dem Kurs der Manager nicht mehr identifizieren konnten. Deren Handeln widersprach ihrem eigenen Werteverständnis.

Ist aber eine Machtbasis da und der Inhaber hat Einfluss auf das operative Geschäft, gilt: Die eine Person an der Spitze kann die gesamte Atmosphäre verändern. Nehmen wir als bekanntes Beispiel Bertelsmann: Nachdem die Telefonistin Liz Mohn das Zepter aus der Hand ihres Mannes Rainer übernommen hatte, veränderte sich auch das Klima. Das zeigte sich an kleinen Dingen. „Anders als ihr Mann, der einst mittags wie jeder normale Angestellte in die Firmenkantine ging, fehlt ihr der Kontakt zur Basis. Sie kann zwar über die Stiftung massiven Einfluss auf den Konzern ausüben, aber normale Bertelsmänner und -frauen erreicht sie kaum. Mit ihr an der Spitze verlor der Familie nach fünf Generationen den Draht zur Belegschaft."[30]

Während Konzerne ihren Unternehmenscharakter losgelöst von einer Person und gesteuert vom Top-Management entwickeln, bestimmt in einem inhabergeführten Unternehmen im Wesentlichen nur eine einzige Person. Deshalb ist es falsch, wie es in den Medien derzeit häufig geschieht, das Übel nur in den Großkonzernen und die Wurzel allen ethischen Unternehmertums in der Inhaber-Firma zu suchen, den Mittelstand gar mit moralisch reinem Patriarchat gleichzusetzen. Oft wird das Gute im Mittelstand auf die Tatsache fokussiert, dass dort weit weniger Entlassungen vorkommen und es nicht um den Gewinn um jeden Preis gehe – wie bei den in dieser Hinsicht in ihrer Öffentlichkeitswirkung fast unbestritten „bösen" Großkonzernen. Allerdings ist es auch leichter, ethisch aufzutreten, wenn man wie der überall medienwirksam gegenwärtige Trigema-Chef Wolfgang Grupp sein Geschäft in Burladingen verankert hat, 68 Kilometer vom Flughafen der nächsten Großstadt Stuttgart entfernt, in einem Ort, in dem er mit einer „Konkurrenz" aus Strickgeschäften, Teeläden und Rechtsanwaltskanzleien mit Abstand der größte Arbeitgeber ist. Dieser Umstand sorgt fast automatisch für eine familiäre Prägung, so dass das Umfeld und der „gute Patriarch" bestens harmonieren.

Die Sorge um die eigenen Schäflein, die dem Unternehmer anders als fast allen Top-Managern schon einmal die eine oder andere schlaflose Nacht bescheren kann, bringt keinen Freifahrtschein und macht seine Handlungen nicht per se besser als die eines Top-Managers in einem börsennotierten Unternehmen. Ist es etwa ethisch, sein Unternehmen durch Bilanzbetrug in die Insolvenz zu führen – auch wenn dahinter wie beim Altenstädter Plüschtierhersteller Nici AG, nicht börsennotiert und trotz der AG noch überwiegend im Familienbesitz – das ehrenhafte Motiv steht, Entlassungen zu vermeiden? „Pfaff habe sein Unternehmen und die Beschäftigten als große Familie betrachtet", entschuldigt die Frankfurter Rundschau.[31] Nur am Stammtisch klopft man dem Chef für solche Taten auf die Schultern. Eine hinreichend durchdachte Entscheidung ist dieser Bilanzbetrug indes keineswegs – hat Herr Pfaff doch die Folgen seines Verhaltens ganz offensichtlich nicht ausreichend bedacht, was für ein großes Maß an Verantwortungslosigkeit spricht. Und für das Fehlen von Kardinaltugenden, die ein guter „Führer" braucht.

In Wahrheit ist es also keineswegs so, dass die Herren Unternehmer durchweg Vorbildcharakter hätten und die besseren Manager seien. Sie können nur mehr entscheiden und damit leichter Gutes, aber auch viel einfacher und unkontrollierter Übel anrichten. In den inhabergeführten Unternehmen herrschen damit noch weit größere Extreme als in jedem Konzern. Dabei ist es gleich, ob wir hier von der Größenordnung eines vom sagenhaft unsichtbaren Dieter Schwarz gegründeten und geführten Lidl oder von der Zwei-Mann-Firma um die Ecke sprechen. Die inhabergeführte Unternehmenswelt lässt sich noch viel mehr als die Welt der Konzerne – die wenigstens mal mehr, mal weniger sauber umgesetzte gesetzlich vorgeschriebene Kontrollmechanismen wie die Revision in Zaum halten – leicht in Gut und Böse unterteilen, wobei es sogar noch „sehr böse" gibt.

Umstritten ist etwa die Einzelhandelskette Lidl. Es gibt sogar ein „Schwarzbuch Lidl", herausgegeben von der Dienstleistungsgewerkschaft ver.di. Nicht ohne Grund klagen die Gewerkschaften und erhielt das Unternehmen 2004 den Big Brother Award 2004 in der Kategorie Arbeitswelt für „den nahezu sklavenhalterischen Umgang mit ihren Mitarbeiterinnen und Mitarbeitern". Nicht grundlos ist es sicher auch, dass wenig schmeichelhafte Insider-Aussagen über den Führungsstil des medienspezifisch unsichtbaren Lidl-Patriachen Dieter Schwarz ganze Foren füllen.

Unter dem Thread „Ablauf Traineeprogramm. Verkaufsleiter Lidl", in dem im Wiwi-Treff (www.wiwi-treff.de) ein anonymer Forenteilnehmer nach Erfahrungen als Lidl-Trainee fragt, fand sich etwa folgender Eintrag, der sehr schön zum Ausdruck bringt, wie sehr die Unkultur bei dem Discounter auch auf die Mitarbeiter abfärbt:

„Wenn du es [d.h. die Verkaufsleiterkarriere anstrebst, die Autorin] machst, dann versuch den Absprung zu machen, wenn dein soziales Umfeld zerbricht. Man verändert sich auch vom Charakter und wird teilweise zum Arschloch, weil man sich halt den Großteil der Woche so benehmen muss."

Im Fall von Lidl ist die negative Übereinstimmung in den Diskussionsbeiträgen relativ groß. Auch die Handelsketten Schlecker, Aldi und Norma kommen in den Beschreibungen der Absolventen nicht viel besser weg. Je filialisierter ein Unternehmen ist, desto konträrer sind häufig die Meinungen über Stil und Kultur. Und immer wieder lässt die Personalpolitik auch in an sich gut geführten Unternehmen Choleriker ans Ruder. Ist die cholerische Führungsperson an einem anderen Ort tätig, merkt es der Inhaber oder Geschäftsführer vielleicht gar nicht.

Cholerische Ausfälle sind in vielen inhabergeführten Firmen absolut normal. Folgender Erfahrungsbericht einer Geschäftsführungsassistentin schildert das eindrücklich:

„Einmal hat er einen vollen Papierkorb vor einer Kollegin ausgekippt, weil ihm irgendetwas nicht passte. Als ich das erste Mal selbst in so eine Situation kam – er hat die von mir wegen eines Gerätefehlers nicht

ordnungsgemäß laminierten Dokumente auf den Boden gefeuert – war das sehr hilfreich. Ich habe die Sachen auf dem Boden liegen lassen und den Raum verlassen und konnte dabei sogar recht ruhig bleiben. Irgendwann hatte er sich dann wieder beruhigt. Oft kam er schon schlecht gelaunt in die Firma.

Ein Blick in sein Gesicht reichte und ich wusste, wie er drauf war. Ein Guten Morgen konnte man im Kalender ganz dick anstreichen. Aus meiner Sicht als Assistentin war irgendwann für mich klar, dass er die Rolle als Geschäftsführer für sein Selbstwertgefühl brauchte. Dann hat es mich nicht mehr gewundert, dass er für andere Menschen keine Wertschätzung mehr aufbringen konnte. Leider ist so jemand nun überhaupt nicht für Mitarbeiterführung geeignet. Das Problem ist, dass man es ihm als Chef ja nicht einfach sagen kann. Am Anfang habe ich immer noch zu dem Trick gegriffen, ihm einen Tee zu machen und somit seine Laune spürbar zu verbessern – auch aus Liebe zu den Kollegen.

Nach zweieinhalb Jahren kam ich aber an einen Punkt, wo ich die Energie dafür nicht mehr hatte und sein Verhalten nicht mehr ertragen konnte und auch nicht wollte. Dann habe ich auch schon mal in aufgebrachterer Form Kontra gegeben. In der letzten Zeit sprach er dann kaum noch mit mir. Da hatte ich allerdings sowieso innerlich schon gekündigt."

Ex- und egozentrische Führungskräfte, die zu allem befähigt sind, nicht jedoch zur Führung, finden sich überall, bevorzugt aber in Medienunternehmen und bei Werbeagenturen. Dies hat einerseits damit zu tun, dass kreative Menschen sich leicht einbilden, zu einer auserwählten Gemeinschaft zu gehören und etwas Besonderes zu sein. Damit folgen sie einem bestimmten Menschenbild und einem damit verknüpften Führungssystem.[32] Dies liegt andererseits darin begründet, dass im kreativen Bereich gern nach fachlicher Qualifikation befördert wird. Extrem hierarchische Strukturen finden sich zum Beispiel in Redaktionen. Ein Blick in die Impressi von Zeitungen und Zeitschriften zeigt die dort übliche „Leiterstruktur": stellvertretender Ressortleiter, Ressortleiter (selbst für Zwei-Mann-Teams), Redaktionsleiter, stellvertretender Chefredakteur, Chef vom Dienst, je nachdem leitender Redakteur und ein bis drei Chefredakteure.

Auch Werbeagenturen werben ihre Mitarbeiter mit jede Menge aufeinander gestapelter Pöstchen: Juniortexter, Texter, Seniortexter, Creative Director – solch eine Karriere ist schon in 20-Mann-Firmen möglich. „Dabei kommen keine führungskompetenten Managertypen voran, sondern Leute, die in ihrem Fach gut sind", so die ehemalige Personalerin einer der größten deutschen Werbeagenturen.

Und das „Gut"-im-eigenen–Fach-Sein setzt eine besonders starke Identifikation mit dem Thema Werbung sowie mit dem Unternehmen voraus. Dabei werden allerdings keine humanistischen Werte, sondern Gedanken von Auserwählt-, Anders- und Herausgehobensein vermittelt. Und den Mitarbeitern in geradezu grotesker Art und Weise eingebläut. So spricht die Hamburger Agentur Jung von Matt auf ihrer Website permanent vom verbindenden „Wir": „Wir sind ideengetrieben. Wir sind unermüdlich. Wir sind das Ideenkraftwerk". Genauso soll es in der Agentur innen aussehen: Die Unermüdlichkeit etwa zeigt sich an Arbeitszeiten bis 24 Uhr und am Wochenende, so eine Ex-Mitarbeiterin.

Ähnlich ist es in Unternehmensberatungen, nur mit einer anderen Färbung. Aber auch hier geht es um das „Wir sind etwas Besonderes". Vor diesem Hintergrund sind persönliche Exzesse gestattet und gehören mitunter sogar zum kreativen Prozess – ihre krankmachende Wirkung ist dabei eine akzeptierte Nebenwirkung.

Der Mittelstand gibt allerdings auch allerlei anderen Typen ein Zuhause, denn unternehmerischer Erfolg ist nachweislich auch eine Sache des Zufalls und glücklicher Bedingungen. Er hat laut einer Untersuchung der Universität Landau nur zu etwa 25 Prozent mit Persönlichkeit zu tun. So gibt es – neben den guten Patriarchen und an Werten orientierten Chefs – Unternehmer, die nicht in der Lage sind, von anderen Rat anzunehmen und alles besser wissen wollen. Zur Not auch bis zur Insolvenz.

So sagt der Mitarbeiter eines 35 Jahre alten Betriebs:

„Jeder hier weiß, dass unser Chef die absolut falsche Strategie fährt. Er aber hat noch nie auf jemand von außen und erst recht auf keinen Mitarbeiter gehört. So steuern wir langsam in den Ruin, jedes Jahr

mindestens zehn Prozent weniger Umsatz, und können nichts machen, denn ihm gehört ja das Unternehmen."

Nicht selten ist ein gewisser Starrsinn schließlich auch der Grund für Selbstständigkeit – er steht der im Angestelltenverhältnis geforderten Flexibilität gegenüber. Die „stinkenden" Köpfe des Mittelstands gibt es in den oben beschriebenen mehr oder weniger alltäglichen Ausprägungen sowie auch in den Extremen. Da fordern Chefs ihre Mitarbeiter offen zum Betrügen auf oder zum Aushorchen der Konkurrenz. Da begehen Inhaber wie selbstverständlich vor den Augen ihrer Mitarbeiter Steuerbetrug, zum Beispiel, indem sie stets Barzahlungen annehmen und nur einen Bruchteil davon buchen. Einige Male sind mir zudem Unternehmer begegnet, die ihre Firma versoffen oder verspielt und damit die Mitarbeiter zur Verzweiflung gebracht haben. Sehr extrem ist die Geschichte eines drogenkranken Chefs, aber auch sie ist wahr:

„Mein Vater war zuletzt wirklich abhängig. Er trank und nahm alle möglichen Drogen, auch Heroin. Einmal pinkelte er in den Flur unserer Bürobedarfsfirma. Das Unternehmen war völlig ohne Führung, es war die Sekretärin, die den Laden zusammenhielt. Dann starb er und meine Mutter übernahm den Laden."

Seitdem führte die Mutter das Unternehmen durch gute und schlechte wirtschaftliche Zeiten. Sie schaffte durch Vorbild und Fairness ein Klima, in dem Mitarbeiter sich gern engagierten. Und ist damit ein Beispiel, dass die eine Führungsperson an der Spitze eine Menge bewirken kann.

Territorialkämpfe und Budgetturniere: Wie Schauspieler und Statisten Karriere machen

Was für Leute werden da eigentlich befördert? Oft genügt es, Macht, Status und Kompetenz vorzuspielen. Das ist leicht möglich, denn Wissen lässt sich anders als etwa handwerkliches Geschick nicht fassen und kaum messen. In der Wissensgesellschaft gewinnt deshalb der, der überzeugend darlegen kann, was er weiß (oder dies vorspiegelt) und kann. Im neuen Klassenkampf siegen die Schauspieler. Sie sind schon Job-Besitzer von heute und werden erst recht die von morgen sein. Um ihre Machtbasis zu sichern, platzieren sie um sich herum austauschbare Statisten, die ihnen nicht gefährlich werden können und die sich nach Bedarf rauskicken lassen. Die wirklich Mächtigen erkennt man im Unterschied zu den Statisten an ihrem Gehabe, auch Habitus genannt.

Ein Consultant, den ich beraten habe, beschrieb mir einen Kollegen so:

„Der Typ war einfach geckenhaft bis hin zur Lächerlichkeit. Er stolzierte herum und trug edle Maßanzüge, sogar mit Weste. Er war geschniegelt und gestriegelt. Wissen hatte er keins, aber das konnte er verdammt gut anders verkaufen. Ich hätte nie gedacht, dass so ein überzogenes Karrieremodell wie er es wirklich schafft. Heute ist er Partner in einer renommierten Unternehmensberatung."

Auf der Karrierebühne laufen grandiose Shows. Was öffentlich in den Medien und im Rahmen des Personalmarketings und was inoffiziell gesagt wird, sind dabei oft zwei paar Schuhe.

Karrieremachen selbst ist Schauspiel

Ein typisches Beispiel für den Widerspruch zwischen der Mediendarstellung und dem Arbeitsleben ist das Karrieremachen an sich, das die Medien gerne als persönliche Weiterentwicklung darstellen. In Wirklichkeit ist Karriere im Sinne beruflichen Fortkommens oft keine Weiterentwicklung, sondern begrenzt das Blickfeld auf die zunehmend anstrengender werdenden Aufgabe, sich auf dem Sessel zu halten. Durch die Abbaumaßnahmen der letzten Zeit ist dies immer mühsamer geworden, was wiederum das Schauspieltalent beflügelt. Wer immer wieder um seinen Platz im Unternehmen bangen muss, entwickelt da oft ungeahnte Kräfte. Wie sehr so etwas zum Problem werden kann, zeigen die verzweifelten Versuche von Unternehmen, dem entgegenzuwirken. So ist mir eine Firma bekannt, die ihre Manager verpflichtet, ihre Aufgabe so zu gestalten, dass sie von einem Tag auf den anderen überflüssig sind – während das Überlebensbedürfnis des Managers natürlich darin liegt, exakt das Gegenteil zu tun. Ob geeignete Maßnahmen (zum Beispiel durch Delegieren und Dokumentieren jeden Handgriffs) bei diesem Unternehmen ergriffen worden sind, wird einmal alle drei Monate überprüft.

Da Karriere oft gleich Status ist und Status gleich Karriere, begründet sie gesellschaftlichen Aufstieg – also den Sieg im neuen Klassenkampf. Plötzlich steht das Ansehen im Vordergrund und weniger die Aufgabe an sich, die einen intellektuell und menschlich fordert. Es ist ja vielmehr so: Jeder, der etwas leistet, soll Karriere machen und damit aufsteigen können. Womit wir beim nächsten Widerspruch angelangt wären, bei denen die Medien etwas vorspielen, was auf der Bühne des Arbeitsleben ganz anders aussieht. Es geht um weibliche und männliche Karriere.

Gleiche Chancen sind gespielt

Die Gesellschaft fordert Partnerschaften und Kinder, dabei soll Frauen auch die Karriere möglich sein. Leider funktioniert die Karriere zu zweit mit Kind nur selten – was jeder weiß, der es einmal versucht oder ernsthaft darüber nachgedacht hat: Einer muss zurücktreten, denn die moderne Karriere fordert Flexibilität, Mobilität, häufige Abwesenheiten von Zuhause, Arbeitszeiten bis 22 Uhr sind völlig normal. Wo soll da Platz sein für Erziehung? Und selbst wenn für eine mega-flexible Betreuung gesorgt wäre: Wo bitte bleibt da das Kind?

Über diesen Widerspruch wird offiziell kaum gesprochen. Aber inoffiziell müssen nicht-medientaugliche Lösungen herhalten. Und das sind die Hausfrauenehen, die in karriereorientierten Kreisen durchaus noch üblich sind. „Keep them pregnant", sagen Berater etwa gern im privaten Kreis und abends unter ihresgleichen. Seinen Ursprung hat der Satz gerüchteweise bei den Partnern großer Rechtsanwaltskanzleien, soll aber auch bei den McKinseys dieser Welt schon gefallen sein. Er besagt auf Deutsch und frei übersetzt: Sorg dafür, dass deine Frau immer schwanger ist. Der implizierte Schluss: So lange sie mit den Kindern beschäftigt ist, ist sie ruhig und kommt nicht auf die Idee, selbst Karriere machen zu wollen. Dann hast du deine Ruhe.

Letztlich ist die Freiheit, rund um die Uhr Karriere machen zu dürfen, auch ein Motor für aktuelle Diskussionen, die Vertretern erzkonservativer Werte plötzlich ein Sprachohr geben – und damit im Widerspruch zur bisherigen Medientendenz („Karriere für alle, auch für Frauen") stehen. Die Erzkonservativen halten nur die klassischen Rollenmodelle für fähig, das Aussterben der westlichen Gesellschaften durch Ein- und Kein-Kind-Ehen zu verhindern.

Der Autor Philipp Longman etwa schreibt, dass diese konservativen Erben der Gesellschaft nachweislich fruchtbarer sind, während Ein-Kind-Familien oft ein Phänomen soziokultureller Schichten sind, die ein moderner Lebensstil prägt. Er behauptet weiterhin, dass der Rückgang des Wohlfahrtsstaates, erzwungen durch die Überalterung und das Schrumpfen der Bevölkerung, diesen konservativen Schichten einen zusätzlichen Überlebensvorteil geben und sie deshalb zu noch größerer Fruchtbarkeit anspornen wird.[33]

Eine solche Entwicklung halte ich für durchaus logisch – sie würde den Klassenkampf aber noch sehr viel stärker als bisher zwischen Frauen und Männern toben lassen, wobei eine Waffe ja bereits bekannt ist: Der Unwille, Kinder zu bekommen, zu der sich beispielsweise die Comtrade-Chefin Babette Sievers ganz offiziell in der Zeitschrift „Karriere" bekannte.[34]

Kehrseite der insgeheim propagierten Männerkarriere ist, so platt es klingen mag, die Benachteiligung von Frauen. Sehr viele Mütter in meiner Beratungspraxis berichten von regelrechtem Mütter-Mobbing – Mütter nach der Erziehungszeit werden systematisch rausgeekelt – oder zumindest kleinen Stolpersteinen, die insgesamt Riesen-Hürden aufbauen:

Es ist schon so, dass die Mütter bei uns die Arbeitszeit verkürzen dürfen. Sie können auch die Mittagspause verlängern oder früher gehen. Aber wirklich gern gesehen wird das nicht. Mütter kommen auch nicht weiter, ich habe hier nicht eine gesehen, die befördert worden ist. Man gewährt gewisse Freiheiten, weil man ja sonst als familienfeindlich dastünde und das wäre bei einem Unternehmen, dessen eigene Zielgruppe Mütter sind, nicht sehr förderlich fürs Image. Ich habe mich deshalb erst mal gegen Kinder entschieden. Vielleicht arbeite ich später frei, dann passt das alles besser.

Dulde niemanden auf deinem Territorium!

Eine der typischen Schauspielübungen beim Karrieremachen lautet auch: „Tue so, als seiest Du loyal und handle dennoch stets in deinem Machtinteresse". Das führt automatisch zum permanenten Kampf um die Größe des eigenen Einflussgebietes. Und das Verzwickte ist: Nicht der, der das Beste für das Unternehmen tut, gewinnt diesen, sondern der, der dieses Einflussgebiet zu vergrößern und zu erhalten vermag. Dies führt gerade in mittelständischen Unternehmen zu völlig unsinnigen Abteilungskonstruktionen – Abteilungen, die erfunden werden, allein um den Machthunger zu stillen. Typisch unsinnig ist die Stellung des Vertriebs in vielen Unternehmen. Während der Vertrieb in der Marketingtheorie Teil des Marketings ist, ist in der mittelständischen Praxis das Marketing Teil des Vertriebs. Wir erinnern uns an meinen Prolog und die

Autos: Sehr oft ist der Vertriebsleiter der mit dem „Benz“, er steht über den anderen.

Loyales Verhalten bezieht sich, wenn überhaupt, auf Personen, die das Weiterkommen fördern oder auf die eigene Gruppe, das Team. Das erste Muster entpuppt sich dabei meist als besserer Karrierewegbereiter. So unternimmt ein Manager, der sich mit seinem Team gut versteht und mit ihm ein gewisses Eigenleben führt, höchstwahrscheinlich keine weiteren Karrieresprünge, ja, die Loyalität kann Bremse werden. Eine Person dagegen, die die richtigen Fürsprecher in unterschiedlichen Positionen des Unternehmens „loyal“ hinter sich versammelt, stehen dagegen auch obere Türen offen. Wobei gerade diese Art der Loyalität oft zeitbegrenzt ist: Hilft der Fürsprecher nicht mehr weiter, hüpft der Karrierist gleich zum nächsten Mentor.

In fast allen größeren Unternehmen kämpfen die verschiedenen Abteilungen mitunter erbittert gegeneinander. Je entfernter sie inhaltlich sind, desto gnadenloser die Auseinandersetzung. Vertrieb und Technik etwa sind sich schon traditionell spinnefeind. Wie viel Energie mit dem sinnlosen Kampf gegeneinander verschwendet wird und was das für die Produktivität bedeutet? „Ich denke gut 50 Prozent der Arbeitszeit gehen für die ineffektiven Machtkämpfe drauf“, so eine Ex-Vertriebsleiterin.

Dies gilt umso mehr, wenn sich das Unternehmen neu aufstellt. Winfrid Berner von „Die Umsetzungsberatung“ schreibt dazu:

„Da aber kaum ein ambitionierter Manager so objektiv ist, Organisationsmodelle gut zu finden, die die Bedeutung seiner Abteilung (und damit seiner Person) deutlich einschränken, sondern im Gegenteil Sympathie für die Optionen entwickeln wird, die ihm einen Zuwachs an Kompetenzen und Bedeutung bringen würden, findet unterhalb der Sachdiskussion eine verdeckte Auseinandersetzung über widerstreitende Partikularinteressen statt. Die vorhandenen Seilschaften werden aktiv, und jeder versucht, seine Verbündeten erstens auf Linie und zweitens in Stellung zu bringen.“[35]

Ein archaisches Verhalten: Eine fremde Gruppe im eigenen Territorium zu dulden, war ein tödlicher Fehler für den eigenen Clan. Diese

Verhaltensweisen sind nicht gelernt, sondern genetisch verankert. Und Abteilungen, die sich – beispielsweise durch eine anstehende Umstrukturierung – bedroht fühlen, reagieren schneller mit „Wegbeißen".

Budget-Turniere

Ein wahrer Hochleistungssport für Karrieristen sind die Budgetbesprechungen. Hier sind schauspielerische Leistungen gefragt, die hauptrollentauglich sind. Auf dieser jährlichen Veranstaltung gewinnt nicht etwa derjenige, der bewusst haushaltet und spart, sondern der, der das Geld mit vollen Händen zum Fenster rauswirft. Denn: Das ausgegebene Geld bildet die Bemessungsgrundlage für das neue Budget. Übersteigt also ein Abteilungsleiter seine geplanten Ausgaben, so ist dies verbunden mit einer geschickten Argumentation die Voraussetzung für eine Hochsetzung. Mehr Budget bedeutet aber stets auch mehr Macht. Es erweist sich in der Praxis als Karrierebremse, wenn ein Manager in einem Jahr 20 Millionen und im folgenden nur noch 15 Millionen zur Verfügung hatte. Personalberater deuten dies automatisch als Abstieg, auch wenn die Rückwärtsentwicklung auf engagiertes Sparen zurückzuführen ist. So zeigt sich wiederum die große Bühne: Das, was gesagt wird, ist nicht das, was gelebt wird. Die mitunter krassen Auswirkungen: Da beschäftigt der Marketingleiter eines Konsumgüterkonzerns lieber die teuerste und größte Werbeagentur, auch wenn diese weit weniger gute Leistungen bringt als eine kleinere und preiswertere. Er bittet diese sogar, die Preise für bestimmte Leistungen heraufzusetzen, um am Ende genug Geld ausgegeben zu haben. Auch eine der Kuriositäten: Trainer wissen, dass im Oktober oder November plötzlich Goldene Zeiten für sie hereinbrechen: Dann nämlich müssen die Personalverantwortlichen ihr übriggebliebenes Geld ausgeben. Schnell werden an sich überflüssige und viel zu teure Trainings vereinbart. Auch die Weihnachtsveranstaltungen und Events profitieren vom Zuviel-in-der-Kasse.

Das Geldverbrennen ist ein vergleichsweise harmloser Zeitvertreib, wenn man sich die üblichen Guerilla-Kämpfe der Mächtigen und deren gemeine Hinterhalttaktik ansieht. „Ich konnte gar nicht alles schreiben, es hätte niemand geglaubt", erzählt Karriereaussteiger Wolfgang Schur (siehe Interview). Da streuen Karrieristen bewusst falsche Informationen über Konkurrenten, um diese auszubooten. Da wird hinter dem Rücken mit dem Kunden beschlossen, XY abzusägen. Da wird nicht selten rhetorisch geschickt diffamiert, angeklagt, falsch behauptet. Da wird vorne so und hinten so geredet. Vom Wegmobben unliebsamer (weil unbequemer) Mitarbeiter gar nicht zu sprechen.

Nur Schauspieler und Unfähige kommen vorwärts

Ganz entscheidenden Einfluss auf das Jeder-gegen-jeden hat die fehlgesteuerte Führungskräfteentwicklung. Gefördert werden entweder die Schauspieler, die sich in den Vordergrund schieben oder Menschen, die (der eigenen Meinung nach oder in der Einschätzung der Führungskräfte) lang genug im Unternehmen sind, um eine Belohnung zu bekommen, fachlich versiert, aber ansonsten schlecht in der Menschenführung. Letztere dienen den ersteren häufig als Statisten. Da die „Fachkarrieristen" oft wenig kommunikativ sind und kaum Eigeninitiative aufbringen, lassen sie sich hervorragend als Spielfiguren einsetzen, die für die extrovertierten Machtspieler bestimmte Bereiche von gefährlichen Einflüssen echter Konkurrenz freihalten.

Personalabteilungen versuchen solchen Entwicklungen entgegenzuwirken, indem sie den fähigen Nachwuchs beispielsweise mit Tests identifizieren. Das ist gut und wichtig. Ich habe allerdings nicht nur einmal erlebt, dass die als geeignet identifizierten Kräfte auf ihren Positionen „hängen" blieben, während sich die engagierten Selbstverkäufer nach oben mogelten. Da ich viel mit Personalern zu tun habe, weiß ich, dass das diese oft sehr ärgert. Die gute Arbeit wird dadurch kaputt gemacht. So kommt es auch immer wieder zu Machtspielchen zwischen Personalabteilung und Fachressort, die völlig ineffektiv sind. Jüngst habe ich das „live" miterlebt. So sortierte der Personalreferent eines Verlags bewusst (aber heimlich) die

Bewerbungen aus, die über Kontakte der Ressortchefs eingegangen waren. Er hielt Kontakte für per se schlecht und Empfehlungen für unwichtig, ja diese ärgerten ihn regelrecht. Er leitete so nur die Bewerbungen weiter, die Vitamin-B-frei waren. Die Sache flog nur auf, weil der Bewerber beim Ressortchef anrief und nach seinen Unterlagen fragte. In diesem Fall ging es auch nicht um Eignung, denn die war bei dem empfohlenen Bewerber zu hundert Prozent gegeben, bei den weitergeleiteten Bewerbungen aber oft nur zu 80 oder 90 Prozent.

Schade für die Unternehmen, die solche Ränkespielereien dulden, anstatt sie einzudämmen. Die Regeln für den Aufstieg sind vielfach losgelöst von Management-Kompetenz wie folgender Bericht zeigt:

„Wenn ich weiterkommen will, dann muss ich Signale setzen. Ich muss länger arbeiten als bisher und andere Kleidung tragen, und ich hasse Anzüge. Haben Sie eine Ahnung, wie wichtig die Uhr ist? Diese Marke hier ist jedenfalls falsch.

Ich muss mich mit den richtigen Leuten verbünden und abends öfter mit ihnen ausgehen. Wahrscheinlich muss ich mir ein anderes Auto zulegen. Ein VW geht gar nicht. Andere muss ich zur Seite boxen, zur Not auch meinen derzeitigen Chef. Ich bin hin- und hergerissen: Das ganze System, wie man Karriere macht, ist mir im Grunde zuwider. Gleichzeitig fühle ich mich zur Karriere gedrängt. Meine Frau will auch arbeiten. Wenn ich Karriere mache, so geht das ganz sicher auf ihre Kosten. Das alles macht mir große Sorgen."

Projektleiter in einer Unternehmensberatung

Das ist die eine Seite. Die andere ist ebenso düster: Wenn nicht der Selbstverkäufer siegt, dann der alteingesessene Mitarbeiter, der kraft seiner Zugehörigkeitsdauer zum Betrieb „dran" ist. Solche Beförderungen sind ein Drama für die Betriebe – und ein Drama für die Beförderten selbst, die hier Opfer sind, weil sie verpflichtet werden, Dinge zu tun, für die sie nicht geeignet sind und für die sie auch kein Führungskräftetraining der Welt „passend" machen kann.

„Es macht mir einfach Angst. Meine Chefin will, dass ich eine Führungsaufgabe übernehme.“

Für den Banker und Derivat-Spezialisten Peter war das keine freudige Nachricht, sondern ein Schreckensszenario. Nicht wenige Klienten in meiner Praxis beschäftigt die Frage, wie sie mit dem Thema Karriere umgehen sollen. Einerseits schmeichelt die Beförderung, andererseits setzt sie sie unter Druck. Gerade Akademiker trauen sich oft nicht, selbstbewusst „nein“ zu einer Managerlaufbahn zu sagen.

„Wenn ich so weitermachen könnte wie bisher, würde mir das gut gefallen. Aber ich muss doch auch an die Zukunft denken.“

Befördert werden speziell in machtorientierten Systemen – und machtorientiert sind viele Unternehmen und Branchen wie etwa der Finanz- und Versicherungsbereich – Menschen, die eine gewisse Erfahrung in Jahren, eine gute Lobby und/oder nachweisbare Fachkompetenzen haben. Diese Menschen besitzen aber oft keine Führungsqualitäten und können sich diese auch nicht aneignen, beispielsweise weil sie nicht in der Lage sind, spontan auf Menschen zuzugehen.

Ihnen fehlt oft auch das Interesse am Management, denn Karriere bedeutet auch, dass die inhaltliche Arbeit in den Hintergrund tritt und irgendwann zugunsten der reinen Führungsaufgaben ganz verschwindet. Als regelrechte Bedrohung empfinden es solche Menschen, Kritik üben zu müssen, etwa im Rahmen von Zielvereinbarungsgesprächen.

Die eigenen Mitarbeiter – etwa in der Versicherungsbranche bezeichnenderweise oft „Untergebene“ genannt – empfinden diese im Grunde unsicheren Menschen oft als arrogant und schwer zugänglich. Solche Manager geben kein Feedback und lösen Konflikte nicht aktiv. Statt über aufkeimende Probleme und schwierige Situationen offen zu sprechen und notwendige Entscheidungen herbeizuführen und zu kommunizieren, entscheidet dieser Typus entweder heimlich oder sitzt Entscheidungen aus. Dass so ein

Verhalten, geprägt von unfähigen Führungskräften, ein Klima des Hauen und Stechens eher fördert, liegt auf der Hand.

Dabei ist grundsätzlich längst klar, welche Eigenschaften eine ideale Führungspersönlichkeit mitbringen müsste. Es sind die oft genannten „Big Five“:

- extravertiert (gesellig, gesprächig, durchsetzungsfähig, aktiv),
- emotional stabil (selbstsicher, ausgeglichen, optimistisch),
- freundlich, verträglich (kooperativ, kompromissbereit),
- gewissenhaft (verlässlich, verantwortungsbewusst, leistungsorientiert, ausdauernd),
- offen für Erfahrungen (einfallsreich, originell, vielseitig, aufgeschlossen).[36]

Die Big Five sind wichtig, ob sie das Nonplusultra sind, ist zumindest fraglich. Für die Ermittlung dieser fünf zentralen Führungseigenschaften wurde lediglich erfasst, was Persönlichkeiten auszeichnet, die bereits erfolgreich sind – nicht, was jene ausmacht, die noch erfolgreicher sein könnten. Die Rolle der Werteorientierung wurde im Zusammenhang mit Führung bisher nie gemessen. Eher zufällig kam bei einer Metaanalyse[37] – einer zusammenfassenden, statistischen Untersuchung von verschiedenen Einzelstudien – heraus, dass die in Amerika üblichen Integritätstests besonders genau eine erfolgreiche Karriere voraussagen – niemand kann dies bisher erklären. Diese Integritätstests für Manager, von denen einer gerade auch in Deutschland auf den Markt gekommen ist[38], bestehen aus Fragen, die Einstellungen und Was-wäre-wenn-Verhalten untersuchen, aus unterschiedlichen Perspektiven und mit verschiedenem Fokus, so dass die Tests eine unlogische Antwortstruktur erkennen können und „ahnen“, wann sie „betuppt“ worden sind. Nichtsdestotrotz bleibt natürlich immer ein Unsicherheitsfaktor – wie bei allen anderen Tests auch.

Es ist somit aus einer Reihe von Gründen oft Zufall, wenn geeignete, das heißt souveräne Führungspersönlichkeiten vorankommen, die dem Klassenkampf in den Unternehmen den Boden entziehen könnten.

Interview: Karriere ist Wahnsinn

Wolfgang Schur hatte eine steile Karriere hinter sich und ist acht Jahre lang die Leiter hinaufgeklettert. Dann ist er ausgestiegen und damit seinem früheren Vorgesetzten, Günter Weick, gefolgt. Gemeinsam mit Weick hat Schur das Buch „Wahnsinnskarriere“ geschrieben, ein Wahnsinnserfolg – weil es in Romanform erstmals beschrieb, wie Karriere wirklich funktioniert.

Die Dame, die mich auf Ihr Buch aufmerksam gemacht hat, hat es zu Anfang ihrer Laufbahn gekauft. Da hielt sie das, was Sie schreiben, für völlig überzogen. Für Satire. Nun, nach fünf Jahren im Job, sagt sie, dass alles wahr sei, was sie gelesen habe.

Wolfgang Schur: Das ist es. Das Buch ist angelehnt an meine eigene Karriere. Es ist eher untertrieben. Manche Sachen kann man gar nicht schreiben, weil sie keiner glauben würde.

Haben Sie in einem besonders fragwürdigen Unternehmen gearbeitet?

Wolfgang Schur: Aber nein, das war eine ganz normale Firma. Ein amerikanischer Konzern mit weltweit mehr als 50 000 Mitarbeitern. Ich habe im Vertrieb gearbeitet, da konzentriert sich oft viel Ungemach. Im Buch haben wir Fragebögen an die Leser eingefügt und sie nach ihrem eigenen Erleben gefragt. Daraus wissen wir, dass meine Erlebnisse überhaupt nichts Besonderes sind. Was in meinem Konzern passiert ist, geschieht täglich überall. Sogar im öffentlichen Dienst, etwa in Krankenhäusern.

Warum sind Sie ausgestiegen?

Wolfgang Schur: Ich habe mich im Laufe meiner Karriere verändert und selbst so manche Schweinerei begangen. Der kleinste gemeinsame Nenner bist schließlich du selbst, du musst schon mitspielen. Diese Veränderung habe ich natürlich nicht bemerkt. Aber meine Umgebung. Zuerst dachte ich: Die sind wohl neidisch. Aber das stimmte nicht. Als mir das richtig bewusst wurde, habe ich den Schlussstrich gezogen.

Wie kann es passieren, dass keiner mehr merkt, dass er Teil eines karrierekranken Systems geworden ist?

Wolfgang Schur: Es gibt immer wieder Veränderungen, neue Strukturen. Diese Bewegung bringt einen wenig fassbaren und messbaren Erfolg. Meine These ist, dass Umorganisationen auch deshalb geschehen, damit die Mitarbeiter nicht einschlafen und immer neue Herausforderungen sie wach und gefügig halten. Nebenbei wächst man in so ein Statusdenken hinein. Plötzlich ist es wichtig, wer was für ein Büro oder welchen Parkplatz hat und wer einem persönlich die Hand schüttelt.

Wird da noch viel gearbeitet?

Ich kann nicht sagen, dass nicht gearbeitet wird. Manche gehen um 4 Uhr 30 ins Büro, um bis 9 Uhr 30 die eigentliche Arbeit zu erledigen. Danach beginnt das Hauen und Stechen in den Wolfsrudelkämpfen. Du bist damit beschäftigt, Attacken abzuwehren und selbst Beute zu reißen und den Krieg zum Gegner zu bringen.

Haben Sie ein Beispiel, das Sie persönlich erlebt haben?

Ich hatte einen Kollegen, der mich attackierte. Dazu wendete er die üblichen Tricks an – und ich zog gleich. Ich sorgte dafür, dass er in einem schlechten Licht dastand. Eines Tages wurden wir beide zum Chef zitiert. Mein Konkurrent wurde vor meinen Augen rausgeschmissen. Das war ein bitterer Sieg. In diesem Moment wusste ich, dass das kein Spiel mehr war. Wie mit ihm umgegangen wurde, so würde bald auch mit mir verfahren werden.

Was passiert mit guten Leuten?

Wolfgang Schur: Es gibt in den großen Firmen Programme der Personalabteilungen für High Potentials. Nicht jede geeignete Person fällt automatisch auf. Allerdings nutzen diese Programme wenig.

Warum?

Gute Leute werden einfach nicht weiterempfohlen, die behält der Vorgesetzte doch selbst, weil sie ihm die Arbeit machen und seinen eigenen Ruhm begründen oder festigen. Es sind die besonders selbstbewussten Typen, die befördert werden. Die stören schließlich die eigene Pfründe und können einem selbst gefährlich werden. Die will man loswerden.

Heute sind Sie selbstständig. Ist das leichter?

Wolfgang Schur: Ja, einen sichereren Job als den eines Unternehmers kann ich nicht haben. Ich kann selbst bestimmen und mache Fehler unmittelbar anstatt die Fehlentscheidungen von anderen auszubaden. Außerdem kann so meine Frau auch arbeiten und ich kann mich, wie jetzt, einfach einmal zwischendurch ums Kind kümmern.

Was empfehlen Sie anderen in Bezug auf Karriere?

Wolfgang Schur: Sie müssen das Spiel nicht mitspielen und nicht selbst mit dem Karrierewettlauf beginnen. Eine Fachkarriere ohne Mitarbeiterführung verläuft wesentlich entspannter.

Hauen und Stechen: Wie Mitarbeiter mit miesen Methoden nur um ihren Vorteil kämpfen

Nun war viel von miesen Managern und schlechter Führung die Rede. Doch auch die ganz normalen Mitarbeiter haben ihren Anteil am neuen Klassenkampf. Sie mischen beim Hauen und Stechen kräftig mit. Und beweisen: Unfaires Verhalten wird nicht nur von oben möglich gemacht oder provoziert, sondern es wächst manchmal auch von unten, ganz aus sich selbst heraus.

Dazu ein kurzer Bericht aus eigener Anschauung:

Einer meiner früheren Arbeitgeber verfolgte die zuvor intern im kleinen Kreis kommunizierte Absicht, einen Abteilungsleiter zu entthronen. Zu diesem Zeitpunkt befand dieser sich im Urlaub. Eine ideale Voraussetzung, um das Problem in dessen Abwesenheit zu lösen. Zu unbequem, zu alt war der Abteilungsleiter. Es war von Auflösung der Abteilung die Rede. Um die Versetzung in Abwesenheit vorzubereiten, verlegte die Geschäftsführung den Schreibtisch über Nacht in den Keller. Als die vier langjährigen Mitarbeiter, die immer den Mittag gemeinsam mit dem Chef verbracht hatten, das merkten, nahmen sie flugs Kontakt zu den mutmaßlichen Nachfolgern auf. Das waren die, mit denen die Geschäftsführung oft sprach und die sie offensichtlich schätzte. Der eine übertraf den anderen in dem Bemühen, hier aufgenommen zu werden. Von einem Tag auf den anderen redeten sie schlecht über den alten Chef und über den jeweils anderen in der Abteilung. Sie wurden nie mehr zusammen mit ihrem Ex-Vorgesetzten beim Italiener gesehen ...

Das Hauen und Stechen am Arbeitsplatz ist keineswegs ein Privileg der Manager. Dabei gehört es noch zu den feineren Delikten, lediglich die Fahne zu wechseln und in die gerade gefragte Richtung zu schwenken. Es ist normal, die Arbeit des Konkurrenten als schlecht darzustellen oder unwahre Geschichten über dessen Vorleben und Vorlieben zu erzählen. Immer geht es dabei um eins: den besten Platz einzunehmen, den eigenen Kopf zu retten, sich seine Pfründe und möglichst viele Vorteile zu sichern. Der Kollege? Ist nur so lange wichtig, wie er dem eigenen Konzept nicht im Weg steht. Zivilcourage geht dabei völlig verloren. Es ist als würden ein paar Rowdies in der Straßenbahn eine alte Oma überfallen: Im Zweifel gehe ich nicht dazwischen und rette eben meinen eigenen Kopf.

Ob bei dem feigen Opportunismus die Bewahrung der Karriere oder die des größtmöglichen Freizeit- und Bequemlichkeitsfaktors im Vordergrund steht, ist letztendlich nur eine Frage der jeweiligen Berufsorientierung. Der Psychologe Gerhard Blickle hat in einem wegweisenden Buch drei mögliche Richtungen ermittelt: eine Berufsorientierung stellt das berufliche Fortkommen in den Mittelpunkt, eine andere die Freizeit und eine dritte alternative Berufsorientierungen, die menschenwürdigere Formen der Arbeit propagiert.[39] Naturgemäß sind Menschen der dritten Gruppe in Großunternehmen unzufrieden – diese werden dort fast automatisch zu Querdenkern, während Gruppe eins (die bereits in ihrer extremsten Ausprägung vorgestellten Karrieristen) vorprescht und es sich Gruppe zwei (die Freizeitaktivisten) gemütlich einrichtet und schaut, dass sie mit möglichst wenig Arbeit maximalen Komfort erreicht und die eigenen Privilegien bewahren kann. In den Methoden, ihre unterschiedlichen Ziele – Karriere und Freizeit – zu erreichen, ähneln sich die ersten beiden Gruppen aber sehr: Es gelingt am ehesten durch Opportunismus, dem Sich-Anpassen an gerade aktuelle Strömungen, mit dem Ziel, dadurch den größten Vorteil für sich selbst zu erlangen. Praktisch sieht das so aus: Während der Karrierist sich seine Lobbys aufbaut, besinnt sich der Freizeitaktivist auf den Weg des geringsten Widerstands, macht seine Arbeit oder lädt diese auf andere ab. Der Karrierist ist der, der sich flexibel neuen Entwicklungen anpasst, diese selbst vorantreibt oder aber das Unternehmen verlässt, um anderswo mehr zu verdienen oder ein besseres Pöstchen zu ergattern. Der Freizeitaktivist ist derjenige, der mit Blick auf den Kündigungsschutz auch einmal anstehend Veränderungen blockiert (so lange er es sich leisten kann).

Die Einstiegstrickser

Bei der Personalauswahl fängt das Schubsen bereits an. „Von sozialen Skills ist in vielen Assessment Centern nichts mehr zu spüren. Da geht es nur noch darum, den Konkurrenten auszustechen", beobachtet eine Diplom-Psychologin, die Assessment Center für Firmen durchführt. Das sei eindeutig ein sich verschärfender Trend. Ich kann das nur bestätigen: Bei meinen Vorbereitungen auf das Vorstellungsgespräch oder Assessment Center will ein Großteil der Bewerber nicht wissen, wie er sich authenthisch darstellt, sondern wie er sich am besten durchboxt und gegen die anderen „gewinnt".

Man könnte es so sehen: Die rüden Methoden der Manager kontern die Bewerber, indem sie zu noch härteren Bandagen greifen. Es soll vorgekommen sein, dass dem Wunscharbeitgeber ein diskreter Umschlag zugesteckt worden ist. Oder dass Personalrecruiter diesen sogar explizit fordern – natürlich am liebsten in einer Situation, in der – kommt es hart auf hart – Aussage gegen Aussage steht. „Die Sachbearbeiterin verlangte 500 Euro, damit sie mich in die Vorauswahl nimmt", so Caroline, E-Learning-Managerin aus Düsseldorf. „Ich dachte zuerst, ich höre nicht richtig und konnte gar nichts antworten. Eine Woche später fand ich meine Unterlagen im Briefkasten." Caroline hatte nicht gezahlt. Ich bin mir, durch die Praxis eng vertraut mit den Denkweisen mancher Kandidaten, nahezu sicher, dass andere Bewerber dies sehr wohl getan hätten.

Wer bereit ist, die Konkurrenz zur Seite zu boxen, scheut sich auch nicht vor den Schritten, die dann logisch folgen. Das Hauen und Stechen geht somit Hand in Hand mit Lügen und Betrügen. Auch dieses fängt bereits beim Berufseinstieg an. Da wird gemogelt, was das Zeug hält.

Hören wir einmal in ein typisches Bewerbungscoaching-Seminar hinein:

Dann schreibe ich einfach Basketball bei den Hobbys rein. Dann habe ich da doch noch eine Teamsportart.

Spielen Sie Basketball?

Nein.

Was sagen Sie, wenn Sie gefragt werden?

Och, da fällt mir schon was ein.

Oder:

Ich hasse es, in Teams zu arbeiten.

Trotzdem bezeugen Sie in dieser Bewerbung Ihre Teamfähigkeit.

Ich will den Job, er ist ein Sprungbrett. Am Anfang spiele ich denen einfach was vor.

Oder:

Ein Ehrenamt oder außerstudentisches Engagement sind wichtig.

Deshalb bin ich letzte Woche auch bei Greenpeace eingetreten. Oder ist das vielleicht zu extrem? Was meinen Sie, Frau Hofert?"

Ja, was meine ich? Ich sage natürlich, dass ich all das für Unsinn halte. Bei Greenpeace eintreten, nur um die Anforderung nach ehrenamtlichen Engagement zu erfüllen, die immer mehr Konzerne stellen, das ist nicht mehr authentisch. Zugleich weise ich darauf hin, dass Blender durchaus erfolgreich sein können. Und ich sage: Jeder muss selbst wissen, zu welchem Verhalten er steht. Ob er den Wunsch nach Karriere über die eigenen Wertvorstellungen positioniert. Und ob es das wirklich wert ist.

Karriere überlagert eigene Werte – Letzteres scheint mir bei jungen Bewerbern immer häufiger der Fall zu sein. Die meisten Absolventen, die ich erlebt habe, beschäftigen sich vor allem mit einer Frage: Wie schaffe ich es, meine Bewerbung und meinen Lebenslauf so zu gestalten, dass möglichst viele Unternehmen mich einladen. Und wie antworte ich auf Fragen so, dass jemand mich einstellt? Dabei ist den Kandidaten jede Antwort, jeder Stil und jede Methode recht. Sie sehen es als Spiel, in dem sie gewinnen müssen – mit den Methoden, die zum Ziel führen. Es geht nicht darum, eigene Wege zu finden, sondern akzeptierte. Das ist Opportunismus in Reinkultur. Und in meiner Praxis verstärkt sich der Eindruck, dass dieser Opportunismus wächst und bei der jüngeren Generation zunehmend ausgeprägter ist – was sehr schade ist.

Das opportunistische Verhalten pflanzt sich im Berufsleben fort, wobei weitere Effekte dazu kommen: Sicherheit, Gewohnheitsrecht und die bereits erworbene Pfründe, die es zu verteidigen gilt. So entsteht gerade bei den Freizeitaktivisten – die Freizeit durchaus auch mal gerne im Büro erleben – ein Verhalten, dass Veränderungen, die ihre einmal erworbenen Vorteile in Frage stellen, geradezu vehement und mit der Kraft einer Stahlbetonwand blockiert. Dies beginnt schon bei einem Luxusgut wie dem gemeinen Bahlsen-Keks.

Die Statushungrigen

Adidas-Chef Herbert Hainer sagt über sich selbst:

„Ich bin absolut gewinnorientiert. Einige bei Adidas werden sagen, dass ich oft zu knauserig bin. Zum Beispiel habe ich hier im Hause die Kekse abgeschafft. Wenn jemand Kekse haben will, kann er sie sich gern selbst mitbringen. Das Unternehmen hat andere Aufgaben.“ [40]

Als Adidas die firmeneigene Keksversorgung der Mitarbeiter unterbrach, soll ein Aufschrei durch die Büros gegangen sein: Die da oben nehmen uns unsere Kekse weg! Und das ohne jede wirtschaftliche Not – der Firma ging es blendend.

Gehören Kekse zur Standardausstattung eines Unternehmens? Ich finde wie Hainer, nein: Wenn Kekse zur Gewohnheit geworden sind, hören die Mitarbeiter auf, sie wertzuschätzen.

Das Thema Kekse hat eine kuriose Schlüsselbedeutung in Unternehmen. Es ist mir verschiedene Male in unterschiedlichen

Varianten begegnet. Ein anderes Unternehmen stellte einfach die Marke des bereitgestellten Gebäcks um – man kaufte ein NoName-Produkt, um so etwas Geld zu sparen. Diese einfache und im Tagesgeschäft völlig unwichtige Umstellung wurde wochenlang diskutiert. Es gab regelrechte Keks-Demonstrationen im Flur. Gegenüber sinnvollen Sparmaßnahmen grundsätzlich aufgeschlossen, konnte ich diese überbordende Reaktion gar nicht fassen. Doch die Feinheiten erschließen sich erst bei genauerer Betrachtung: Hohe Besuche bekamen weiter das Markengebäck. Der eigentliche Knackpunkt lag damit im Bruch des bisherigen „Commitments". Danach war die Marke ein Privileg von jedermann, nun sollte es nur noch eines der oberen Schicht sein.

Kekse sind entscheidende Statussymbole – wie Autos, wie Uhren, wie Getränkemarken. Für mich als Trainerin war es faszinierend, immer wieder zu sehen, wie eng die Wertschätzung in einem Unternehmen mit den Forderungen nach der Qualität des Caterings in einem Seminar zu tun hat. So verhielt ich mich geradezu blasphemisch, wenn ich verwöhnten Personalern oder gut bezahlten ITlern nur Wasser, Kaffee und eine einzige Sorte Saft anbot. Man reklamierte sogar die Tatsache, dass ich große Pfandflaschen statt kleiner Einmal-Tischfläschchen anbot. Weil mir das wirklich nicht wesentlich schien, habe ich dies einige Male dann doch gewagt. Bis ich merkte: Das Catering fließt automatisch in die Evaluation einer Veranstaltung ein. Fühlt sich der Teilnehmer schlecht versorgt, ist das wie eine persönliche Missachtung: Er glaubt, nicht vernünftig arbeiten zu können und das Trainingsergebnis ist in Frage gestellt. Solcherart klassisches Statusdenken ist durchaus nicht nur bei Führungskräften, sondern genauso ausgeprägt bei der normalen Angestelltenschicht zu finden.

Auch ein Blick auf das Thema Raucherpausen ist interessant. Rechnet man die durch Pausen entstandenen Arbeitszeitverluste zusammen, so sind dies bei vielen Rauchern am Tag 80 Minuten und mehr – vor allem, wenn in abgeschlossenen Kommunikationsräumen gequalmt wird und die Zigarette mit dem „Schnack" zwischendurch kombiniert wird. Als jedoch ein Konzern versuchte, dies zu thematisieren und die Raucherzeiten zu begrenzen, wurden überall die Lobbys der Raucher und Bürgerrechte-Befürworter aktiv – und die durch das Rauchen verkürzte Arbeitszeit dann doch wieder totgeschwiegen.

Apropos Bürgerrechte: Wenn Mitarbeiter sich ihres Arbeitsplatzes einigermaßen sicher sind, dann sind diese schnell zitiert. So drehten sich vor und während der Fußballweltmeisterschaft die meisten Klagen genau um dieses Thema: Fußball sehen. Dafür sollte der Arbeitgeber freigeben oder Urlaub gewähren – selbstverständlich? Selbstverständlich wird recht schnell alles, was man regelmäßig bekommt oder einmal besessen hat: das Einzelbüro, der Stellenwert im Unternehmen, die 30-Stunden-Woche, die Kekse, die Prozente auf den Einkauf, liebgewonnene Vergünstigungen.

Jeden Tag bereitgestelltes Gebäck hat keinen positiven Effekt mehr, wird nicht wertgeschätzt. Wie alles andere auch, das nicht der Grundversorgung dient, nicht an die Existenz geht. Dies lässt sich mit Abraham Harold Maslow, seines Zeichens amerikanischer Psychologie-Professor und einer der Gründerväter der humanistischen Psychologie, anschaulich erklären. Seiner Ansicht nach bilden die menschlichen Bedürfnisse die „Stufen" einer Pyramide und bauen aufeinander auf. Der Mensch versucht demnach zuerst die Bedürfnisse der niedrigen Stufen zu befriedigen, bevor die nächsten Stufen Bedeutung erlangen. Ganz unten an der Basis der Pyramide finden sich Grundbedürfnisse wie Essen, Trinken, Schlaf, Sexualität. Wenn diese nicht befriedigt werden, verstehen Menschen keinen Spaß. Eine Stufe höher siedeln sich die ersten arbeitsmarktrelevanten Sicherheitsbedürfnisse an: ein fester Job, Gesundheit, Wohnung, Ordnung und Lebensplanung. Erst wenn diese Grundbedürfnisse befriedigt sind, werden soziale Beziehungen und danach dann soziale Anerkennung wichtig. Dazu gehören auch Macht, Karriere und Statussymbole – wie Kekse zum Beispiel und noch viel mehr Kekse einer besonderen Sorte.

Die so genannten Defizitbedürfnisse an der Maslowschen Pyramidenbasis können befriedigt werden: Wer nicht durstig ist, trinkt nicht – es sei denn, das Trinken besitzt einen sozialen Aspekt. Die so genannten Wachstumsbedürfnisse ab der vierten Stufe der Pyramide dagegen können nie wirklich gestillt werden. Ein Musiker, der zwecks

Selbstverwirklichung komponiert, wird nie damit aufhören –, es sei denn er fällt – etwa durch mangelnden Erfolg oder liebesbedingte Irrungen und Wirrungen – auf eine der ersten Stufen zurück (beispielsweise als Trinker). Im Allgemeinen jedoch gilt die Regel: Einmal im Reich der Selbstverwirklichung, immer da .... Ein Mitarbeiter, der Kekse zum Gehalt erhält, wird diese folglich als selbstverständlichen Bestandteil seines Angestelltendaseins ansehen – und im Zweifel lieber noch mal Kuchen als Ergänzung fordern.

Die Blockierer

Langjährige Mitarbeiter pochen auf Kontinuität bei gewohnten Faktoren ihres Arbeitsumfelds. Sie pflegen eine natürliche Aversion gegen den Verlust von Vergünstigungen und gegen alles Neue. Dies Verhalten ist menschlich, denn es half dem Steinzeitmenschen beim Überleben. Doch im modernen Unternehmen ist es kontraproduktiv, es behindert dessen Gewinnstreben.

Die Geschäftsführerin eines Weiterbildungsinstituts kam gegen einen Mitarbeiter nicht an, der sich strikt weigerte, bei der Ausweitung des Seminarprogramms durch eigene Schulungen mitzumachen. Dabei stand das Unternehmen kurz vor der Insolvenz, nur durch Schulungen in einem bestimmten IT-Bereich hätte es überleben können. Dafür war dieser Mitarbeiter bestens qualifiziert. Er weigerte sich trotzdem. „Ich bin hier für Datenbankprogrammierung eingestellt", beharrte er. Solch geschäftsschädigende Blockadepolitik seitens der Mitarbeiter ist alles andere als eine Ausnahme: Sie ist an der Tagesordnung.

Ein weiterer Widerspruch erzeugt Konflikte zwischen Arbeitgebern und Arbeitnehmern. Dieser liegt in der Tatsache begründet, dass normale Mitarbeiter vom oben vorgestellten Typ Freizeitaktivist Veränderung scheuen wie der Teufel das Weihwasser. Sie lieben einfach ihre Gewohnheiten. Für sie ist jede Umstrukturierung ein Drama. Findet diese in entfernten Bereichen statt, wird darüber geschimpft und gelästert. Betrifft sie das eigene Umfeld, wird blockiert und mit allen Tricks dagegen gearbeitet. Ein neues Softwaresystem wird garantiert schlechtgeredet, auch wenn alles für seine Einführung spricht. Neue vorgeschriebene Arbeitsprozesse? Wenn sich das Daran-Halten umgehen lässt, wunderbar ... Je größer die eigene Machtbasis, desto hartnäckiger die Blockadepolitik.

Deswegen gilt etwa der Vertrieb oft als eine Art Asterix gegen Rom. Niemand erhöht den Vertrieb offiziell gegenüber Abteilungen wie Einkauf oder Controlling, er steht mit diesen anderen Abteilungen auf einer Ebene. Trotzdem ist das Ansehen des Vertriebs in den meisten Betrieben besser als das der weniger extrovertierten Abteilungen, was seine virtuelle Pfründe erhöht. Mit dieser Erhöhung steigt das Gefühl, etwas Besonderes zu sein, und dies erhöht auch beim ganz normalen Außendienstmitarbeiter die Widerstandsquote. Erst recht, wenn er die meiste Zeit nicht im Haus ist, sondern unterwegs – und auch diesbezüglich einen Sonderstatus genießt.

Kein Geheimnis ist, dass zwischen 40 und 96 Prozent aller Veränderungs-Projekte wegen schlechter Kommunikation scheitern.[41] Kommunikation ist nötig, weil Neuerungen überall Widerstand auslösen. Es entstehen im besten Fall Kommunikationsschlachten, bei denen das Geschick der Change Manager darüber entscheidet, ob sie gewinnen und den Widerstand brechen können, der im Idealfall aus psychologisch definierten Phasen besteht:

- Schock,
- Verneinung („Da mache ich nicht mit"),
- Depression („So ein Mist"),
- vorsichtige Akzeptanz („Es muss wohl sein") oder strikte Ablehnung („Kommt nicht in Frage"),
- Testen („Vielleicht hat das alles ja doch sein Gutes"),
- Verständnis („Na ja, man kann doch damit arbeiten, es hat eindeutig Vorteile"),
- Integration („Jetzt ist es schon Alltag").

„Das menschliche Risikoverhalten ist nun einmal so gestrickt, dass wir bei jeder Veränderung zuerst auf ihre Risiken und Gefahren schauen; erst wenn wir sicher sind, dass sie keine ernstliche Bedrohung enthält, sind wir bereit und in der Lage, uns ihren

Chancen zuzuwenden", sagt der der Diplom-Psychologe Winfried Berner, Chef von „Die Umsetzungsberatung". Bis zum Blick auf die Chancen kommt es aber vielfach nicht, weil die ersten Phasen nicht überwunden werden können. Nicht selten schlägt nach der Depression die Stimmung nicht in Akzeptanz, sondern Ablehnung um. Sodann werden Möglichkeiten ersonnen, die Neuheit spätestens beim nächsten Führungswechsel wieder loszuwerden.

Ein Projektleiter im IT-Bereich hat mir erzählt, welche Verrücktheiten gerade Vertriebs-Mitarbeiter anstellen, um eine technische Neuheit abzuwehren:

„In der Regel geht es ja um Optimierung, Prozesse sollen effektiver gestaltet werden. Das führt mitunter auch zu weniger direktem oder vielmehr gesteuertem Kundenkontakt, was der Vertriebler als persönliche Einschränkung empfindet. So kann es sein, dass ein System ihm vorgibt, dass er einen bestimmten Kunden nur noch einmal im Jahr besucht, während er einen anderen viermal kontaktiert. Wer jahrelang ohne solche Vorschriften gearbeitet hat, wird das einfach umgehen und so weitermachen wie bisher. Ich habe erlebt, dass Mitarbeiter einfach so weitergearbeitet haben oder sich bewusst blöd angestellt haben. Oft haben sie das neue System einfach nicht genutzt."

Vor diesem Hintergrund ist es verständlich, dass immer mehr Unternehmen sich die Bereitschaft zur Veränderung von Anfang an unterschreiben lassen: in Arbeitsverträgen. So soll frühzeitig das Bewusstsein für die Notwendigkeit von Veränderung geschärft werden.

Ob der so erzeugte Zwang allerdings irgendetwas anderes bewirkt als die opportunistische Haltung „das ist nun Mal so, damit ich meinen Job behalten kann" ist fraglich.

Die Chef-Treter

Das Hauen und Stechen gegeneinander ist ein Teil des Klassenkampfs, der in fast jedem Unternehmen abläuft. Mitunter wird er zum Psychothriller: Die Tritte nach oben, unten und gegeneinander sind dann weniger offensichtlich, sondern finden verdeckt statt.

Es ist ein Irrglaube, dass nur Chefs ihre Mitarbeiter mobben. Es geht auch andersherum: Mobbing ist oft Mittel zum Zweck und „der hat mich gemobbt" ist leicht dahingesagt. Schnell wird Mobbing aus der Schublade gezogen, wenn eine Anordnung oder Person unbequem ist. Auch gezieltes Mobben seitens der Angestellten ist keine Ausnahmeerscheinung: Dass Mitarbeiter ihre (neuen) Chefs mobben, gehört zum alltäglichen Klassenkampf, der sich in den Firmen abspielt. Natürlich ist es eine Sache der Führungskompetenz, ob ein Manager dies zulässt. Allerdings ist jede Führungskraft auf mittlerer Ebene wiederum selbst eingebettet in ein Management-Geflecht. Wirkt die Ebene über ihm nicht konsequent gegen Mitarbeiter-Mobbing, kann die Führungskraft einfach und ungeschützt selbst Opfer werden.

Ein Bericht dazu:

„Wir wollten diese neue Ressortleiterin nicht. Sie war uns unsympathisch. Außerdem verlangte sie gleich, dass wir die Arbeitsprozesse umstellen und alles Mögliche mit ihr abstimmen. Bestimmte Reisen wollte sie selbst unternehmen, wodurch zwei von uns weniger unterwegs sein sollten als bisher. Deswegen war klar, dass wir sie zu fünft rausekeln würden. Wir haben ihre Anweisungen völlig ignoriert und unsere Anliegen lieber direkt gleich eine Etage höher präsentiert. Die haben sich schon gewundert, aber auch nicht gesagt, dass wir erst zu Sabine gehen sollten. Einmal habe ich gemerkt, dass sie mit den Tränen kämpfte und das tat mir schon leid. Aber wenn sie so auftritt, alles umwirft? Da musste sie sich nicht wundern. Nach wenigen Wochen warf sie das Handtuch. Die neue Chefin ist viel vorsichtiger, die traut sich nichts und fragt bei jedem Handgriff: Ist es euch recht, dass ...? So lässt sich arbeiten."

Das Chef-Mobbing trifft vor allem Teamleiter, also Vorgesetzte, die noch einen sehr direkten Draht zur Basis haben und deswegen leicht zum Sündenbock werden können. Hinzu kommt eine psychologische Schwierigkeit, wenn intern beförderte Mitarbeiter aus einem zuvor freundschaftlich verbandelten Kreis herausgehoben und befördert werden. Die neue Stellung betrachten ehemalige Kollegen schon naturgemäß mit Argwohn: Gerade unter Frauen sind emotionale Reaktionen („Wie kannst Du nur, wir haben uns doch immer so gut verstanden!") häufig – ein Grund, aus dem in frauendominierten Umfeldern oft prinzipiell nicht intern befördert wird. Doch auch die externe Einstellung einer Führungskraft ist, wie das Beispiel zeigt, kein ausreichender Schutz.

Die Pattex-Angestellten

Der persönliche Veränderungsunwille zeigt sich noch in etwas anderem: dem Kleben am Job. Aus rein egoistischen Motiven und dank Kündigungsschutz und starker Gewerkschaften nisten sich Angestellte in Unternehmen ein. Diesen Trend hat der schlechte Arbeitsmarkt verstärkt. Unternehmen prangern dafür gern den Kündigungsschutz an und preisen dessen Wegfall als Allheilmittel. In Wahrheit resultiert der gefährlich hohe Klebefaktor auch aus der fatalen Tendenz, junge Arbeitskräfte einzustellen und diese bis etwa zum Alter von 40, 45 Jahren auszubeuten, um sie dann hinauszuwerfen, sofern sie sich nicht auf einen Topmanagement-Posten retten konnten. Kein Wunder, dass sich gerade die vermeintlich „älteren" Mitarbeiter besonders gern festsaugen. Das Ältersein wird dabei paradoxerweise trotz der immer höheren Lebenserwartung weiter vorverlegt. In der Werbebranche ist eine Frau mit 35 Jahren bereits „steinalt". In manchen Unternehmen gibt es weit und breit niemanden mehr über 50. Doch was passiert die letzten – 15 und demnächst 17 – Berufsjahre? Für Akademiker ist dies oft nicht das halbe, sondern der größte Teil des Berufslebens. Es ist also durchaus verständlich, dass Mitarbeiter ihren Platz nicht freiwillig verlassen, sondern Klebeeigenschaften entwickeln.

Auch aus einem zweiten Grund: Da die Bedingungen bei einem Jobwechsel mit hoher Wahrscheinlichkeit sehr viel schlechter werden, behalten die älteren, aber auch die altersmäßig „passenden" Angestellten lieber ihre Stelle, selbst wenn sie mit dem Job absolut unzufrieden sind. Wer für ein großes Unternehmen tätig war, bekam gerade in den satten Jahren fast automatisch jedes Jahr Gehaltserhöhungen. So kommt es, dass in vielen großen Unternehmen sogar Teilzeitkräfte 4 000 Euro brutto verdienen, auch ohne Führungsverantwortung. Ein solches Gehalt ist bei einem Wechsel selbst von einem erfahrenen Akademiker nie mehr zu erzielen, selbst die Hälfte wäre inzwischen schwer – nebenbei gesagt, ist es schon fast unmöglich, per normaler Bewerbung eine Teilzeitstelle auf hohem inhaltlichen Niveau zu ergattern.

Die „älteren" Mitarbeiter, die doch oft noch so jung sind und die gut bezahlten Mitarbeiter haben sich auf Basis ihrer Gehälter – die dem Vergleich zum durchschnittlichen Arbeitsmarkt in keiner Weise standhalten – und auf Sicherheit ihr Leben aufgebaut. Sie haben ein Eckreihenhaus gekauft, den Lebens- und Reisestil teuer eingerichtet. Niemand hat ihnen gesagt, dass die Zeiten, in denen das Gehalt parallel mit dem Alter steigt, unwiederbringlich vorbei sind. Um die gute Position nicht aufgeben zu müssen, nehmen sie nahezu alles in Kauf. Sie lassen sich von einem Job auf den anderen versetzen, ertragen schlechtes Arbeitsklima und dulden miesen Stil.

„Ich gehe jeden Tag zur Arbeit und weiß, dass ich nur noch beschäftigt werde. Unsere Abteilung ist aufgelöst, Kündigungen wurden bisher vermieden. So lese ich jetzt den ganzen Tag Zeitungen und sortiere die Beiträge. Nächste Woche werde ich vielleicht woanders eingesetzt. Natürlich bin ich unzufrieden, aber ein Wechsel scheint mir mit über 50 und bei dem Gehalt unmöglich. Ich würde nie mehr das bekommen, was ich jetzt habe."

Mitarbeiter in solchen Situationen nutzen die verfügbaren Waffen – also nach der Blockade zur Not auch das Arbeitsrecht –, um sich zu verteidigen. Das ist sicher ihr gutes Recht – trägt allerdings auch zur Verhärtung der Fronten bei. In einem großen Unternehmen der Technologiebranche ist mir ein besonders hartnäckiger Arbeitnehmer begegnet. Dieser hatte sich ein Jahr im Outplacement beraten lassen, war zu dieser Zeit freigestellt und bekam das volle Gehalt gezahlt. Monate weilte er im Urlaub auf den Malediven und rührte keinen Finger, um sich um einen neuen Job zu kümmern. Dann schickte er eine hauchdünne Schicht an Bewerbungen heraus, wurde tatsächlich eingeladen und eingestellt. Leider bewährte er sich im neuen Job nicht, weil dort alles längst nicht so komfortabel war, wie gewohnt. So musste er das neue Unternehmen während der Probezeit wieder verlassen. Daraufhin klagte er sich beim alten Arbeitgeber ein und bekam Recht (ein Zeichen verrückter Rechtsprechung). Dieser Mitarbeiter hatte eine gute Qualifikation, Berufserfahrung und hätte – wenn er es denn wollte – durchaus einen neuen Job finden können. Der Arbeitgeber musste ihn zurücknehmen, setzte ihn in einen kleinen Raum auf dem Flur der Personalabteilung, wo er den ganzen Tag Zeitung las und Kaffee trank. „Das macht er schon zwei Jahre und das wird er bis zur Pensionierung tun", sagte der Personaler – anders als viele seiner Kollegen nicht bereit, zu unfairen Mitteln zu greifen – frustriert. Andere hätten in dieser Situation zum Beispiel Wirtschaftsdetektive beauftragt, um Fehlverhalten nachzuweisen, dieser nicht. Es gibt also durchaus das durch gesetzliche Rahmenbedingungen provozierte Verhalten, auf dem sich die Pattex-Angestellten ausruhen können.

Die Beutezieher

Eine Unterart und Weiterentwicklung des Pattex-Angestellten ist der Beutezieher. Er klebt nicht nur und ruht sich auf seinem „Recht" aus – er bricht dieses auch aktiv. Durch die empfundene Ungerechtigkeit seitens der Arbeitgeber und seitens des Arbeitsmarkts verstärkt sich das Unrechts-Raubrittertum: Weil Mitarbeiter sich ausgebeutet fühlen, holen sie sich zurück, was sie nur irgend bekommen können. Es entsteht so der Eindruck, dass es nicht schlecht sein kann, sich persönlich zu bereichern. Wenn Papa schon der König der Diebe war, ist der Sohn erst recht reif für die Karriere bei der Mafia.

Vor kurzem saß mir ein Jungunternehmer gegenüber und präsentierte stolz eine CD. Darauf: Eine Datenbank mit 3 000 Adressen und Kontaktinformationen. Die Datenbank hatte er während seiner Angestelltentätigkeit aufgebaut und dafür ein gutes

Gehalt bekommen. Nun sollte sie die Basis für seine eigene Existenzgründung bilden.

Legitimation war der Chef, der keine Ahnung hatte, unprofessionell und auch charakterlich nicht überzeugend war. So eine Haltung wird von der Gesellschaft geprägt: Mein kleiner Sohn bekommt ein schlechtes Gewissen, wenn er auf der Straße ein 50-Cent-Stück sieht. Darf ich das aufheben? Wem gehört das? Ist es schon „Klauen", wenn ich das jetzt mitnehme? Er fragt noch nicht, ob das Geld von jemandem stammt, der ohnehin genug hat oder von einem „schlechten" Menschen. Für ihn gibt es Regeln von Gut und Böse – ohne Wenn und Aber. Für Mitarbeiter relativiert sich das Böse, wenn sie es parallel selbst als gegeben erleben.

Ob es das Mitnehmen von Kugelschreibern, das Schreiben privater E-Mails oder die Verlängerung der Mittagspause um drei Stunden ist, stets steckt eine Mir-doch-Egal-Haltung dahinter und die Einstellung: Die da oben lügen und betrügen ohnehin, es lohnt sich doch nicht, ehrlich zu sein. Die Tatsache, dass alle anderen sich ebenso verhalten, bestärkt im eigenen Tun. Die wenigen verbleibenden Moralisten werden als Gutmenschen abgestempelt, was sich in den letzten Jahren eher zum Schimpfwort als zum Kompliment wandelt – auch dieser Prozess ist bezeichnend für den Verlust des Gefühls für Gut und Böse.[42]

In einem früheren Kapitel habe ich bereits auf eine Untersuchung hingewiesen, die belegt, dass die Diebstahlquote enorm steigt, wenn Mitarbeiter sich unfair behandelt fühlten. Je unfairer das Unternehmen und schlechter der Stil, desto größer der Trend zur persönlichen Bereicherung.[43]

Nur die wenigsten Mitarbeiter werden zu Robin Hoods, die ihre Beute aus dem Unrechts-Beutezug an die Armen und Bedürftigen verteilen. Und genau das ist das Erschreckende: ein wachsender Egoismus, eine schrille Selbstherrlichkeit. So folgt der neue Klassenkampf keinen idealistischen Vorbildern mehr, sondern lediglich dem Interesse am eigenen Überleben auf dem Arbeitsmarkt.

Alle sind „Darwiportunisten“

Auf der nicht-kriminellen Ebene ist dies ein eher stiller Schlagabtausch. Die Mitarbeiter, die unfaires und eigennütziges Verhalten der Führungskräfte täglich erleben, verhalten sich immer opportunistischer und denken nur noch an ihren eigenen Vorteil. Mitarbeiter, die jung und gut ausgebildet sind, saugen ihre Arbeitgeber aus, um möglichst viele eigene Vorteile aus dem Arbeitsverhältnis zu ziehen. Diese Mitarbeiter springen gern von Job zu Job, um den eigenen Marktwert zu erhöhen. Mitarbeiter, die älter sind und es weniger leicht auf dem Jobmarkt haben, verhalten sich genau umgekehrt: Sie saugen sich in den Unternehmen fest, um eigene Vorteile zu bewahren und sich nicht der harten Marktrealität stellen zu müssen.

Darwiportunismus hat Professor Christian Scholz, dieses Phänomen genannt. Seine Wortschöpfung aus Darwinismus und Opportunismus bringt den neuen Klassenkampf begrifflich auf den Punkt: Auf der einen Seite stehen Unternehmen, die nach dem Prinzip „survival of the fittest“ funktionieren. Unternehmen, in denen die schwächeren Glieder nicht gefragt sind und entweder mit horrenden Abfindungen herausgekauft oder nur noch mitgeschleppt werden. Auf der anderen Seite lauern opportunistische Mitarbeiter, die nur an den eigenen Vorteil denken, ohne Rücksicht auf andere und ohne Blick für das Unternehmen oder dessen Ziel und Gesundheit.

Es gibt null Loyalität

Haben alte Werte wie Loyalität im Darwiportunismus ausgedient?
Scholz: Sicherlich wäre Loyalität als Wert schön. Nur gibt es kaum noch wirkliche Loyalität, sieht man von kleineren Gruppen und professionellen Hochleistungsteams ab. Die Mitarbeiter von heute denken primär an ihren eigenen Vorteil – und da ist Loyalität leider eher im Wege. Dies gilt noch mehr für Arbeitgeber: Sie orientieren sich trotz aller Propaganda meist nur am Shareholder Value und lassen sich bei ihren Entlassungswellen sicherlich nicht von Loyalität dem Mitarbeiter gegenüber leiten.

Ist dies im Mittelstand nicht anders? Medien zeigen uns immer diese Beispiele. Ich denke etwa an den Bekleidungshersteller Trigema.
Scholz: Es ist ein Mythos, dass im Mittelstand alles automatisch besser ist. Dies gilt besonders für die Medien, die sich auf einige wenige Beispiele fokussieren, ohne sie im Detail zu hinterfragen. Wann immer man vom guten Mittelstand spricht, wird so auch Trigema ins Feld geführt. Vielleicht arbeitet es sich bei Trigema wirklich anders, dann ist das aber die Ausnahme.

Aber bei einem mittelständischen Unternehmen ist es doch der Inhaber, der für sein eigenes Unternehmen verantwortlich ist. Sorgt allein dieser Fakt nicht für ein anderes, verantwortlicheres Verhalten?
Scholz: Sicherlich gibt es im Mittelstand auch den Typus „sozial verantwortlicher Unternehmer“. Es fehlen aber empirischen Beweise dafür, dass dies der Regelfall ist. Vielmehr spricht einiges dafür, dass es in mittelständischen Unternehmen teilweise sogar noch viel schlimmer zugeht, wenn hier der Eigentümer auf sein eigenes Geld achtet, um das sich alles dreht.

Ihr Darwiportunismus ist neu, ein Kennzeichen der Wissensgesellschaft. Gibt es einen historischen Punkt, der den Beginn des Darwiportunismus kennzeichnet?
Die Tendenz zum Darwiportunismus als Zusammenspiel aus darwinistischen Systemen und opportunistischen Mitarbeitern zeigte sich zum ersten Mal deutlich in der New Economy. In dieser Phase wurden die Mitarbeiter angesichts der scheinbaren Karrierechancen immer illoyaler und geldorientierter. Gleichzeitig gab es zu wenig qualifizierte Arbeitskräfte. Die Gehälter schossen nach oben. Die gut qualifizierten Mitarbeiter hatten das Sagen und konnten ihre Bedingungen diktieren.

Inzwischen dominiert Massenarbeitslosigkeit, es sind eher die Arbeitgeber, die diktieren.
Der Wind hat sich teilweise gedreht und die Unternehmen haben die stärkere Position eingenommen. Dies ändert allerdings nichts an der Grundlogik vom Darwiportunismus. Es führt lediglich dazu, dass die Mitarbeiter sich auf eine andere Art und Weise opportunistisch verhalten. Jetzt kleben dieselben Mitarbeiter, die vorher hochgradig wechselbereit waren, an ihren Jobs und reagieren mit innerer Kündigung. Manche beißen sich geradezu fest, andere tauchen einfach unter, um in der Masse nicht bemerkt zu werden. Nach wie vor gibt es allerdings eine Reihe hochqualifizierter Berufsgruppen, die es sich weiterhin leisten können, gute Gehälter und beste Arbeitsbedingungen für sich selbst zu verlangen.

... Flugzeugbauingenieure etwa. Was ist die Gemeinsamkeit dieser Menschen, die Sie als opportunistisch geißeln?
Geißeln ist das falsche Wort. Ich nenne – und das ist die Aufgabe eines Wissenschaftlers – Dinge möglichst klar beim Namen. Und wir bekommen immer mehr Menschen, die ihre eigene Chance suchen, egal was das für andere bedeutet. Wenn mit diesem Opportunismus der Mitarbeiter nicht vernünftig umgegangen wird, führt er zu extremer Unproduktivität. Die Menschen arbeiten oft nicht, sondern grübeln über ihre Situation und diskutieren darüber, wie schlecht die Welt im Allgemeinen und die Unternehmensleitung im Besonderen ist. Tatsächlich hat sich das Arbeitsklima durch die Angst um den Job dramatisch verschlechtert. Aber daran sind auch die Unternehmen Schuld, die sich im negativen Sinn darwinistisch verhalten.

Was tun die Darwinisten denn?
Grundsätzlich spricht nichts gegen das Leistungsprinzip und nichts gegen Wettbewerb. Falsch agierende Darwinisten aber halten die Menschen in einer Art künstlicher Glückseligkeit. Da wird laut verkündet, dass Arbeitsplätze sicher sind, man auf dauerhafte Beziehungen Wert lege und die Mitarbeiter die wichtigste Basis darstellen – und Wochen später entlässt der gleiche Personalchef Tausende von Mitarbeiter. Diese verlogene Scheinheiligkeit hat inzwischen Methode und führt dazu, dass Mitarbeiter immer weniger ihrer Unternehmensleitung glauben, immer mehr miteinander diskutieren und auch den Rest an Loyalität über Bord werfen.

Was ist Ihre Lösung? Die Rückkehr zur guten alten Zeit?
Diese wird nicht mehr zurückkommen, auch wenn sie von manchen Medien durch Lobeshymnen auf den Mittelstand und einige wenige öffentlichkeitswirksame Einzelfälle herbeigeredet wird. Wir leben in einer Wissensgesellschaft und in einer globalisierten Welt. Beides fangen wir erst langsam an in allen positiven und negativen Konsequenzen zu verstehen. Eines ist aber klar: In die gute alte Zeit kommen wir auf keinen Fall zurück – unabhängig davon, wie gut diese alte Zeit wirklich war.

Was dann? Was müssen diese Unternehmen tun?
Es muss Einigkeit über die Spielregeln herrschen. Und die lauten: Es gibt definitiv keinen Stammplatz mehr für Unternehmen und auch nicht für die Spieler im Unternehmen. Es gilt das Prinzip der Eigenverantwortung und darüber muss wirklich offen geredet werden. Das ist derzeit ein Tabubruch. Um sich betriebswirtschaftlich richtig aufzustellen und dann auch sozial verantwortlich handeln zu können, brauchen Unternehmen mehr Flexibilität und mehr internen Wettbewerb.

Sie haben eine Matrix entwickelt. Darin unterscheiden Sie den „Kindergarten“, in dem hochgradig opportunistische Mitarbeiter die Regeln bestimmen – siehe New Economy. Sie beschreiben den „Feudalismus“ mit stark darwinistischen Arbeitgebern und die „gute alte Zeit“, in der Arbeitgeber Sicherheit boten und Mitarbeiter loyal waren. Rechts oben ist der „Darwiportunismus“. Sehen Sie diesen als Idealzustand?
Fragen Sie lieber, was zeitgemäß ist und das in vielen Fällen der Darwiportunismus, der aber auch fair und nach klaren Regeln ablaufen muss. Gefragt ist dabei maximale Transparenz zwischen Unternehmensführung und Mitarbeitern: Unternehmen dürfen sich in Grenzen darwinistisch und Mitarbeiter in Grenzen opportunistisch verhalten, müssen dies aber offen kommunizieren.

Sind Sie ein Neoliberalist? Was halten Sie vom Kündigungsschutz?
Das Wort Neoliberalismus ist furchtbar negativ besetzt. Ich bin aber eindeutig für Marktradikalität und gegen zentrale Steuerung. Gleichzeitig bin ich auch gegen zu viel Kündigungsschutz, ohne dabei für Kündigungswillkür zu plädieren. Gerade das heutige System mit seiner verlogenen Scheinsicherheit ist für Mitarbeiter unzumutbar. Mit weniger Kündigungsschutz könnten Unternehmen als Ganzes effizienter arbeiten und mehr auf Leistung als auf die Gewerkschaften achten. In diesem Zusammenhang muss man dann aber auch darüber sprechen, ob ein entlassungswütiger Vorstand zurecht pro Tag so viel verdient wie der verbleibende Mitarbeiter pro Jahr. Ein insgesamt neues Denken und Handeln täte allen gut.

Offene Liste der Konfliktursachen in Unternehmen

Viele Konflikte im System Unternehmen, bei den Managern, bei der Karriere und den Mitarbeitern habe ich bereits angesprochen. Doch was sind eigentlich die Ursachen? In welchen Interessenkonflikten liegt der Klassenkampf auf der allgemeinen, übergeordneten Ebene denn eigentlich begründet? Was sind die beiden widerstrebenden Pole? Darauf möchte ich im Folgenden eingehen, ohne Anspruch auf Vollständigkeit zu erheben – denn meine Liste lässt sich fast beliebig erweitern.

Der Mitarbeiter will aufsteigen – in Unternehmen, die keinen Platz für so viele Aufsteiger haben

Immer noch ist die vertikale Aufstiegs-Karriere normal. Sogar Freizeitaktivisten erwarten, nach einer bestimmten Zeit befördert zu werden. Für sie existiert die nie niedergeschriebene Formel: Anwesenheit am Arbeitsplatz in Jahren x fachliche Kompetenz = berufliches Fortkommen. Die Gehaltskurve muss steigen, Jobtitel müssen her und ein Zuwachs an Macht und Einfluss. Die Firmen müssen dem entgegenkommen, um gute Mitarbeiter zu gewinnen.

Beispielhaft zwei Jobtitel aus dem Bereich Personal bei der Firma Unilever:

- Employee Brand Manager,
- Head of Resourcing,
- Recruitment Officer.

Schon Vier-Mann-Firmen installieren gern Head-of-Irgendwasse und Manager-für-Schlagmichtot. Die fatale Folge dieses Bedürfnisses nach immer mehr Titeln waren in der Vergangenheit auch in

Großunternehmen immer neue Hierarchieebenen und Insellösungen, in mittelgroßen Firmen sind es exotische Positionen und ungewöhnliche Aufgabenkombinationen mit noch viel seltsameren Bezeichnungen. Nicht die Markterfordernisse schaffen einen Arbeitsplatz, der Anspruch der Mitarbeiter tut es.

Entscheidungsbereiche wurden damit oft zu schwerfälligen, mehrdeckigen Dampfern umgebaut, die sich kaum mehr bewegen lassen. Dass die Kommunikation von Ereignissen und Entscheidungen über fünf Ebenen jedoch kaum möglich ist, weiß jeder, der einmal „Stille Post" gespielt hat. Unten kann kaum ankommen, was oben losgeschickt worden ist. Das ist das eine. Das andere ist, dass oben keine Verbindung zu unten mehr hat und deshalb oben auch gar nicht weiß, was es unten sagen muss. Und umgekehrt.

Die unteren und mittleren Ebenen wurden in den Großkonzernen in den letzten Jahren weitgehend aufgelöst, Mitarbeiter auf Gruppenleiterebene oder darüber sind massenhaft entlassen worden und befinden sich heute, sofern sie jung und qualifiziert genug waren, um überhaupt wieder Arbeit zu finden, entweder wieder in einfacherer Positionen oder eine Stufe höher. Durch Fusionen wurden auch Manager auf höherer Ebene arbeitslos, zumal in der letzten Zeit – führt doch jede Zusammenlegung auch zur Verdopplung zentraler Funktionen, die geradezu nach Verschlankung schreien.

Gefördert wird die Fixiertheit auf vertikale Strukturen von den Medien. In Frauen- wie Männerzeitschriften geht es alle paar Monate darum, Gehaltssteigerungen gegenüber dem Chef mit allen Mitteln durchzusetzen – völlig ohne Bezug zur Situation des Unternehmens oder zur Leistung des betreffenden Angestellten. Wer seinen „ersten Führungsjob" erhält, wird geadelt, und Menschen, die im Sinne eines vertikalen Aufstiegs „weiterkommen", erhalten mehr Anerkennung und Akzeptanz als solche, denen der eigene Freizeitwert, geistige und fachliche Weiterentwicklung oder die Familie wichtiger ist – oder die sich mit ihrem gegenwärtigen Job einfach wohl fühlen und ihre Bezahlung und ihren Rang in der Hierarchie schlicht für angemessen halten. Permanent wird jeder von außen wie von innen gedrängt, Leistungsnachweise und damit Anerkennung zu sammeln und um nahezu jeden Preis aufzusteigen.

Der Mitarbeiter braucht Halt und Sicherheit – das Unternehmen kann ihm dies nicht mehr bieten

Meine Mutter sagte mir nach dem Abitur: „Werde Bankkauffrau, das ist ein sicherer Job." Heute weiß auch sie, dass es sichere Jobs nicht mehr gibt. Bankkauffrauen über 40 sind massenweise arbeitslos. Früher waren Statements wie „I schaff beim Bosch" oder „Bei Bayer hat schon mein Opa gearbeitet" der Ausweis eines gesicherten Daseins von Leverkusen bis Stuttgart. Heute gilt das nirgends mehr. Nicht einmal meine beiden Kusinen, die in der Arbeitsagentur arbeiten, können sich ihres Jobs sicher sein – denn informierte Quellen wissen seit langem, dass auch die Bundesagentur für Arbeit nach Möglichkeiten sucht, Personal in größerem Umfang abzubauen, ohne dafür öffentlich an den Pranger gestellt zu werden. Und ich – siehe die nächsten Kapitel – plädiere sowieso für deren Auflösung.

Halt und Sicherheit kann also heute realistischerweise kein Unternehmen mehr bieten. Und wer dies verspricht, wiegt seine Angestellten in einem trügerischen Glauben. Liebe Vorstände, sagt doch die Wahrheit! Sicherheit könnt ihr nicht bieten. Der Fortbestand von Unternehmen ist nicht sicher. Stabile weltweite Rahmenbedingungen – vom Zinsniveau über die Wechselkurse bis zum Ölpreis – sind nicht sicher. Nicht einmal das Einhalten von Wahlversprechen für vier Jahre ist sicher. Die Welt ist rund und weder das Leben noch der Arbeitsplatz ist sicher.

Der Mitarbeiter sucht seinen Traumjob – das Unternehmen bietet schnöde Realität oder Alptraum

Es ist zum Heulen: Jeder sucht seinen Traumjob, gerade etwas ältere Berufstätige treibt die Sehnsucht danach um. 80 Prozent meiner Kunden in der Karriereberatung sind unzufrieden mit dem derzeitigen Job, 20 Prozent haben ihn verloren oder werden im Zuge von Abbaumaßnahmen betroffen sein. Beide treffen sich, wenn es um berufliche Neuorientierung geht. „Das kann doch nicht alles gewesen sein“, sagen sowohl die Job-Besitzenden als auch die Job-Losen. Das stimmt. Und ich wünsche möglichst vielen einen tollen Traumjob und alle Zufriedenheit der Welt.

Ich weiß aber auch: Die Arbeitswelt hält nicht nur Traumkarrieren und Traumjobs bereit. Daran trägt sicher die schon gescholtene Personalauswahl Schuld, die Talente oft verkennt. Zu gern stellt sie sich dem Wunsch von Quereinsteigern entgegen, die nach langer Zeit im Beruf einmal etwas ganz anderes machen wollen. Personaler fordern möglichst geradlinige Laufbahnen oder Spezialisten und ignorieren Quereinsteiger.

Und selbst wenn der Einstieg in den Traumjob gelingt: Die vermeintliche Traumkarriere stellt sich im Nachhinein oft nicht als ganz so traumhaft heraus. Sei es, dass die Arbeitszeit das Privatleben auffrisst oder die Tätigkeit weniger spannend ist als gedacht. Und dann gibt es immer noch den häufigen Fall, dass Träume sich im Laufe der Zeit verändern.

Wer einen Job verloren hat, sieht im Verlust nach der Schockphase immer auch die Chance für einen Neuanfang. In allen Outplacement-Projekten, die ich begleitet habe, war es das Gleiche: Träume brachen auf und der Wunsch, diese doch noch zu realisieren.

- „Ich wollte immer Journalistin werden.“
- „Mein Traum ist es, ein Buch zu schreiben.“
- „Ich wünsche mir einen Antiquitätenladen.“

- „Können Sie sich vorstellen, dass ich mit meinen Ideen Geld verdiene?“
- „Moderedakteurin, das war immer mein Traumberuf.“
- „Seit Jahren fotografiere ich nebenbei. Jetzt möchte ich damit mein Geld verdienen.“
- (...)

Die Realisierung solcher Wünsche ist – davon bin ich fest überzeugt – bei entsprechendem Talent und Willen immer möglich. Sie ist aber steinig, schwierig, aufwändig, kostet viel Kraft und verschlingt manchmal das ganze Geld. Viele, die ein bisschen vom Traum ausprobieren, kehren auch deshalb nach ein paar Monaten zu ihrem gewohnten „Albtraumjob“ zurück.

Sie merken, dass man sich sehr viele Traumjobs sehr hart erarbeiten muss und stellen fest, wie wichtig ihnen das regelmäßige Einkommen ist. Und entscheiden: Dann doch lieber der gut bezahlte Kompromiss, das warm-trockene Arbeitsumfeld – um im geänderten Alltag nach kurzer Zeit aufs Neue vom besseren Job zu träumen ...

Verständlich ist der Wunsch, etwas zu machen, was man wirklich kann und das nachhaltig ist. Etwas, was echt ist, bleibend, wertvoll und herausfordernd. Soviel ist indes sicher: Die wenigsten finden es. Was nicht an den falschen Träumen liegt, sondern erstens an einer heillosen Unterschätzung der Energie und Kraft, die man braucht, um Träume zu verwirklichen. Und zweitens an der Realität, die die wenigen Traumjobs ungerecht verteilt.

Dabei schafft die Wissensgesellschaft letztendlich immer mehr Raum für Traumjobs, etwa im kulturellen oder sozialen Bereich oder in der Wissensvermittlung – leider sind diese nicht oder schlecht bezahlt. Aber auch dafür gäbe es eine Lösung, die den Widerspruch auflöst – beschrieben in den nächsten Kapiteln.

Der Mitarbeiter möchte Pausen und auch mal Zickzackfahren – das Unternehmen liebt nur gerade Linien

Irgendwann ist die Luft raus: Die wenigsten Menschen möchten ihr Leben lang das Gleiche tun. Da ist der Controller, der ins Marketing will, oder der Denkmalpfleger, der Journalist werden will. Da ist die Frau oder der Mann, die einfach einmal ein paar Jahre nichts tun möchten oder sich weiterbilden oder mit 45 noch einmal studieren. Oder der Banker, der ein Jahr nichts tun will, und dann eine Zeitlang in der Wissenschaft untertauchen.

Deutschland gibt Zickzackkarrieren wenig Raum. Wer mehr als ein Jahr ausgestiegen ist, findet kaum mehr in den ursprünglichen Job zurück. Wer verschiedene nicht zueinander passende Ausbildungen hat, wird aussortiert. So stört es bereits, wenn der Jurist zuvor eine Ausbildung zum Landwirt absolviert hat oder die Journalistin im ersten Leben Verkäuferin war. Zickzacklebensläufe werden aussortiert und alle, die nicht dem Schema F. entsprechen, haben beruflich kaum eine Chance. Sie können sich während guter Konjunktur vielleicht auf einen Unternehmensschemel retten und sind bei schlechter oft die ersten, die wieder ausgesiebt werden. Das macht die Kurven im Lebenslauf noch schärfer – denn dann rettet sich manch einer ins Call Center oder in die Selbstständigkeit oder sogar in eine mehrjährige Jobsuche.

Das natürliche Bedürfnis, sich immer mal wieder zu verändern, öfter mal etwas Neues zu machen, findet in den meisten Unternehmen wenig Gegenliebe. Firmen, die Mitarbeitern Veränderung zugestehen, schreiben damit Lebensläufe, die am Arbeitsmarkt Punkte verlieren werden – auch wenn der Wechsel für den Menschen ein persönlicher Gewinn war. Hier sind es die Unternehmen und die Personaler, die umdenken und begreifen müssen: Vielfalt macht Menschen reicher, nicht Einseitigkeit.

Der Mitarbeiter möchte seinen eigenen Bereich – das Unternehmen kann Insellösungen nicht gebrauchen

Immer wieder höre ich, dass selbst in kleinen Unternehmen die Mitarbeiter unterschiedlicher Bereiche und Abteilungen einander nicht kennen. So war dem Programmierer einer Softwareschmiede der Name der Pressefrau nicht bekannt – obwohl beide seit mehr als fünf Jahren im Unternehmen sind und die Firma nur 100 Mitarbeiter hat. Noch viel schlimmer ist, dass der eine nicht weiß, was der andere tut. Wie sollen so die großen gemeinsamen Ziele realisiert werden? Das auf Seite 26 bereits ausführlicher beschriebene Problem ist, das Mitarbeiter Inseln lieben. Nicht nur für den Urlaub, auch sonst. Sie schotten sich ab in Kellern oder abgelegenen Büroetagen, um dort möglichst unbeobachtet ihre eigene kleine Firma in der Firma aufzubauen. Dort gelten spezielle Regeln und eigene Philosophien, die mitunter nichts mit den Unternehmenszielen zu tun haben. Ganz extrem ist das bei manchen EDV-Abteilungen, die sich auch von niemandem in die Karten schauen lassen, um ja nicht kontrolliert werden zu können. Ich selbst habe eine in mehrere Inseln zerklüftetete IT-Abteilung erlebt. Da war der Großrechner-Chef im anderen Bürogebäude als der Verantwortliche für die Warenwirtschaftssysteme. Der Zuständige für den Mitarbeiter-Support hatte sich mit fünf Mitarbeitern im Keller eingegraben. Keiner wusste, was der andere tat ...

Das Unternehmen selbst bemerkt das Entstehen der Inseln oft gar nicht. Der Austausch mit anderen Abteilungen reißt ab, die einzelnen Inseln kommunizieren nicht mehr miteinander (es sei denn über Flurfunk). Jeder macht, was er will, wächst an dem, was er macht und gewinnt durch das Abschotten an Einfluss – schließlich sind die anderen abhängig von seinem Wissen, seinen Informationen. Insellösungen schaffen Machtzentren. Nur: Kein Unternehmen kann sich viele nicht miteinander kommunizierende Machtzentren leisten.

Der motivierte Mitarbeiter will Qualität – das Unternehmen kann oft nur Quantität wirklich schätzen

Wer neu ist im Job, will fast immer auch etwas erreichen, verändern, Gutes tun. Das widerspricht nicht dem bisher Gesagten, denn im Laufe der Zeit ändert sich das durch die gemachte Erfahrung. Der Motivation geht einfach die Puste aus. Und das hat seinen Grund auch darin, dass der Mitarbeiter nicht in seinem Sinne gut sein darf.

So ist es dem Telefon-Mitarbeiter nicht erlaut, den Kunden einfach einmal an den Techniker durchzustellen. So bekommt der Außendienstmitarbeiter vorgeschrieben, welche Kunden er wie lange besuchen muss. Oder soll vor allem zahlenmäßige Ergebnisse liefern, wohl wissend, dass in vielen Bereichen – vor allem dort wo die Kundenbeziehung im Vordergrund steht – Zahlen wenig aussagen. Kurzum: In der Praxis zählt sehr oft nur die Quantität – Zahlen und Fakten und überhaupt alles, was messbar und offensichtlich ist.

Ich habe sehr viele hochmotivierte Karrieremenschen gerade in personengeführten Unternehmen gegen offene Türen (die ihres Chefs) rennen sehen. Sie wollten unbedingt ihren Qualitätsanspruch durchsetzen. Doch dafür gab es trotz offener Tür eben kein offenes Ohr. Der Mitarbeiter ist da in der schlechteren Position: Er muss umsetzen, was der Chef will, auch wenn er sich sicher ist, dass dies der falsche Weg ist. Er muss eine Politik der kleinen Schritte gehen und eigenes Wissen zurücknehmen, um es für den Chef mundgerecht und stückweise aufzubereiten. Viel Motivation und damit auch Leistungspotenzial bleibt dabei auf der Strecke.

Der Mitarbeiter liebt Networking – aber Filz schadet dem Unternehmen

Netzwerke sind wunderbar. Immer mehr junge Leute treten allein aufgrund des karrierepflegenden Aspekts des Networkings in Golfclubs ein, pflegen ihren OpenBC und andere Kontakte. Sie engagieren sich sozial, und sei es nur, um damit den Lebenslauf aufzupolieren (siehe Seite 86). Sie platzieren sich hier und dort, rufen für die eigene Karriere wichtige Schlüsselpersonen zweimal im Jahr an und gratulieren zum Geburtstag.

Netzwerken ist die Lösung für alle Jobprobleme, immer mehr erkennen das. Und das stimmt sogar, eines meiner Bücher hat genau dies zum Thema.[44] Die beruflichen und privaten Netzwerke sind nach den immer häufigeren Jobwechseln nicht mehr zu trennen. Und so hat jeder, der schlau ist, in jeder Position Zugriff auf eine Reihe von Kontakten, die er beruflich nutzen kann. Das ist dem Unternehmen recht – so lange das privat und beruflich getrennt wird. Das ist aber oft kaum noch möglich. Das Prinzip ist ja einfach: Was ich kenne, das mag ich auch, was ich mag, das buche/kaufe/engagiere ich. Der Filz fängt da an, wo etwa der Einkaufsleiter nur noch bei seinem befreundeten Netzwerkpartner bestellt, obwohl es offizielle Richtlinien gibt, wie eine Einkaufsentscheidung auszusehen hat. Dann werden keine unabhängigen Entscheidungen mehr getroffen, denn die Netzwerkpartner erwarten Entscheidungen zu ihren Gunsten. Das Bedürfnis der Mitarbeiter schadet in diesem Moment den Unternehmen.

Überall dort, wo ein Netzwerk zu dicht wird, entsteht Filz und Lobbyismus. Wir brauchen dazu nur zurück zu den veröffentlichten Fällen Volkswagen oder Ikea zu schauen, zu den Automobilzulieferern, in die Baubranche und natürlich in die Politik. Hier wie in den Unternehmen wachsen allzu leicht dichte Seilschaften aus ehemals losen Fäden. Aus den guten Kontakten im positiven Netzwerk wird negativer Filz, in dem bestimmte Personen und Gruppen einander bevorzugen und sich gegenseitig Vorteile verschaffen. Netzwerken ist gut – Filz dagegen kann nicht im Interesse des Unternehmens sein.

Die Perfekt AG gibt es nicht – Warum gute Unternehmen trotzdem besser sind

Der vom Hauchen und Stechen und dem egoistischen Jeder-gegen-jeden geprägte neue Klassenkampf tobt vor allem in den schlecht geführten Unternehmen.

Schlecht geführte Unternehmen werden allein nach Zahlen gesteuert. Für das Management spielen nur die harten Faktoren eine Rolle; ihr Wert ist der Börsenwert. Solche Firmen fördern eine Karriere, die auf Selbstmarketing, Ellenbogen und Macht fußt. Sie propagieren offen oder insgeheim Konkurrenzdenken zwischen den Abteilungen. Sie setzen charakterlose Manager mit neurotischen Zügen ein, die wie scharf gemachte Pitbulls alles wegbeißen, was dem ökonomischen Erfolg im Weg steht. Sie erlassen Regeln, von denen die Topmanager ausgenommen sind und verschärfen so den Eindruck der Mehrklassengesellschaft. Sie setzen Menschen wie Arbeitstiere, ein anstatt ihre Potenziale zu nutzen. Sie erziehen damit Mitarbeiter, die nur an den eigenen Vorteil denken, sich maß- und zügellos fett fressen und egoistisch nehmen, was sie bekommen können. Natürlich gibt es nicht nur „gute" oder „böse" Firmen. Überall sind beide Kräfte vertreten. Nur: In vielen Unternehmen schlägt das Pendel deutlich zu einer der beiden Seiten aus. Und in Deutschland herrschen vor allem die „schlechten" Unternehmen, die in der letzten Zeit besonders gern ein bisschen „gut" spielen und Hochglanzbroschüren mit hübschen Werte-Bekenntnissen drucken. Doch von den „schlechten" Unternehmen habe ich nun genug geschrieben.

Es wird Zeit, in die andere Richtung zu schauen.

Wo Unkraut wächst, blühen auch Blumen: Wenn es (überwiegend) „schlechte" Unternehmen gibt, so muss es doch auch (überwiegend) „gute" geben? Wo die Hölle ist, da ist doch immer auch das Paradies? Wo es Antihelden gibt, da sind doch auch Helden nicht fern? Wo „böse“ Unternehmen sind, müssen also auch „gute“ Unternehmen sein. „Gute“ Unternehmen müssten Unternehmen sein, die Entscheidungen nicht nur nach Zahlen treffen, die humanistische Werte verfolgen. „Gute“ Unternehmen müssen die sein, die dem Grundprinzip der Wirtschaft treu sind: und dieses lautet nicht, Aktionären oder Eigentümern kurzfristige Gewinne zu bescheren, sondern Kunden zufriedenzustellen. Kundenzufriedenheit indes erreichen Unternehmen nur dann, wenn auch die Mitarbeiter zufrieden sind.

Wie sieht ein „gutes“ Unternehmen aus?

Wie ein Umfeld mit mehr Blumen als Unkraut aussieht, in dem Mitarbeiter gut arbeiten können, ist theoretisch klar und praktisch auch ganz einfach. Erfolge zeigen sich dort, wo Fairness gegenüber Kunden, Lieferanten und Mitarbeitern herrscht. Wo Regeln definiert sind und ausnahmslos für alle gelten. Wo Potenziale und der Mensch im Vordergrund stehen, nicht die Arbeitskraft oder – zu Recht Unwort des Jahres 2004 – „Humankapital“. In solchen Umfeldern arbeiten Menschen, die ihr Bestes für das Unternehmen geben, am gemeinsamen Erfolg interessiert sind und auch mal zugunsten eines übergeordneten Ziels zurückstecken, wenn dies nötig ist und dem Unternehmen dient.

Wo sind diese Erfolge? Zufällig bin ich bei der Internetrecherche auf die Mez Frintrop AG gekommen, die ich kurz vorstellen möchte. Daneben habe ich weitere Firmen besucht, die bereits in der Presse als vorbildlich bezeichnet wurden: dm, Braun Melsungen und Weleda – genaugenommen war ich bei einigen aktuellen und früheren Mitarbeitern dieser Firmen. Ein Interview mit einem dm-Mitarbeiter finden Sie auf Seite 181, eine ehemalige Weleda-Führungskraft berichtet auf Seite 120.

Ich wollte zwei Dinge herausfinden: Erstens, ob Erfolg möglich ist, wenn sich ein Unternehmen Werte bewahrt. Und zweitens, ob es wirklich weniger Jeder-gegen-jeden in solchen Firmen gibt – oder ob die Medien uns das auf der Suche nach „Helden“ nur weismachen wollen.

Mez Frintrop – Gutsein ist schwer

„Manchmal frage ich mich, ob das alles so richtig ist", sagt Dr. Bernd Mez, Geschäftsführer der Mez Frintrop AG, einem metallverarbeitenden Betrieb mit rund 100 Mitarbeitern. Die Wettbewerber, die Kunden mit teuren Geschenken locken und die mit allen Marketing-Tricks zur Kundenbindung arbeiteten, hätten es jedenfalls leichter als er und sein Mitgesellschafter. „Wir sind deshalb gezwungen über den Preis zu gehen, Menschlichkeit bezahlen die Kunden noch nicht."

Mez ist ein ehrlicher Unternehmer, dem Offenheit und Fairness wichtige Werte sind. Für ihn gibt es Gut und Böse. So hält er es beispielsweise für nicht korrekt, Kunden auf teure Veranstaltungen einzuladen – dies empfindet er als Form der Bestechung. Die Werteorientierung wirkt sich auch auf seine Art der Mitarbeiterführung aus. Entscheidungen werden gemeinsam getroffen, Beweggründe immer erklärt. „Mir ist es wichtig, alle Seiten zu hören, weil dies immer wieder wertvolle neue Blickwinkel zeigt. Entscheidungen können so viel ausgewogener sein." Dies war auch der Fall, als die Firma 2002 ins wirtschaftliche Trudeln kam. Fast 30 Mitarbeiter mussten entlassen werden, die verbliebenen von Gehaltskürzungen überzeugt werden. Viele Gespräche waren nötig, aber letztendlich zogen alle mit – und selbstverständlich beteiligte sich auch die Geschäftsführung durch eigenen Gehaltsverzicht am Sparprogramm. Dank der Geschlossenheit der Mitarbeiter und der Geschäftsführung konnte die Krise überwunden werden. Heute ist das Unternehmen wieder auf gutem Kurs. Anders als bei anderen Unternehmen wurden die Gehälter nun auch wieder auf das vorherige Niveau gebracht.

Heißt das, dass Mez niemals etwas von oben anordnet? „Natürlich nicht. Vor kurzem haben wir ein neues Online-Portal eröffnet, über das wir maßgeschneidertes Metall vertreiben. Das bedeutet für einige Mitarbeiter mehr Arbeit – auch nach 16 Uhr. So etwas muss ich manchmal anordnen, die Begeisterung für solche Maßnahmen ist nicht groß."

Auch das Arbeitsklima ist nicht so, dass alle dauerhaft in Partystimmung sind. Trotzdem wird weniger über „die da oben" geklagt, weil Entscheidungen immer nah an der Basis getroffen werden und jeder, der betroffen ist, auch einbezogen wird.

Ein „gutes" Unternehmen kann leichter erfolgreich sein

Die zweite Frage, die nach dem Erfolg guter Unternehmen, ist leicht zu beantworten: Ja, gute Unternehmen können erfolgreich sein.

Ein vielzitiertes Beispiel gibt das anthroposophischen Idealen verpflichtete Unternehmen Weleda in Schwäbisch Gmünd. Der Gewinn schwankt hier zwischen 25 Prozent (2003) und acht Prozent (2005). Ein weiteres Beispiel ist die Drogeriehandelskette dm. Sie ist auf dem besten Weg, den als ganz und gar unethisch verschrienen Konkurrenten Schlecker vom Marktführerthron zu stoßen. Dm sieht laut Einschätzung von Experten wirtschaftlich deutlich besseren Zeiten entgegen als der für seine repressive Mitarbeiterpolitik und mangelndes Qualitätsbewusstsein bekannte Konkurrent. So verfügt dm über eine höhere Stammkundenbindung und eine bessere Produktqualität[45]. Stammkundenbindung wiederum ist auf das Image der Marke zurückzuführen. Und Image rührt auch vom Eindruck des „fairen Unternehmens", das durch einen Streifzug durch die Drogeriemärkte bestätigt wird. Ein weiteres „gutes" und erfolgreiches Unternehmen ist die GLS Gemeinschaftsbank: Seit Gründung vor 32 Jahren hat diese nie Verluste geschrieben – obwohl sie sich ausschließlich für ökologische und soziale Produkte engagiert. Weleda, dm und die GLS Gemeinschaftsbank sind eng verbandelt – auffällig ist: Es verbindet sie die Beschäftigung mit der Anthroposophie. Was diese Lehre ausmacht, ist nicht leicht zu erklären. Im Kern geht es um die Entwicklung des Menschen im Einklang mit der Natur; die Persönlichkeit hat also einen hohen Stellenwert.

"Die Anthroposophie hat mir geholfen, mein Geschäft vorausschauend zu gestalten", sagt DM-Chef Götz Werner, der heute mit seinen 1500 Filialen rund drei Milliarden Euro umsetzt. [46] Aber es sind nicht nur Anthroposophen, die Gutes schaffen: Andere Namen sind Kraft oder B. Braun Melsungen. Der Vorstandsvorsitzende von B. Braun Melsungen, Ludwig Georg Braun, ist zugleich Präsident des Deutschen Industrie- und Handelskammertages. Und er ist ein gläubiger Christ. Seit dem Jahr 2000 lässt er täglich unter dem

Motto „Moment Mal" Stundengebete per E-Mail an die Mitarbeiter schicken. Fast paradiesisch soziale Zustände sollen bei B. Braun herrschen. Das heißt weniger, dass es den Mitarbeitern dort über die Maßen gut geht, sondern vielmehr dass sie fair behandelt werden oder zumindest fairer als anderswo. Ähnlich ist es bei Budnikowsky, kurz budni genannt, einem im Norden erfolgreichen Drogeriemarktkette, geführt von Cord Wöhlke, der weniger christlichen Glauben als vielmehr soziales Engagement vor Ort und für Mitarbeiter und Kunden in den Vordergrund stellt. Wöhlkes Vision ist auf den menschlichen Discounter ausgerichtet.

„Gute" Unternehmen sind also Unternehmen, die sich von einem humanistischen, sozialen oder auch christlichen Menschenbild leiten lassen. Sie verhalten sich – stets aus einer persönlichen Motivation heraus – ethisch. Nur zur Erinnerung: Ethik ist im weitesten Sinn die Lehre von Gut und Böse. Sie verfolgt die Frage, welche Werte es gibt und nach welchen Kriterien, welcher Wert wie gelebt wird. Sie hält also nicht nur einen allgemein anerkannten Wert wie die Menschlichkeit hoch, sondern fragt auch, was Menschlichkeit ist und woran diese sich zeigt. Ein Unternehmen, das sich ethisch verhält, hat seine eigenen Werte definiert und kann sie mit Inhalt und Leben füllen. Es besitzt und pflegt eine Wertekultur. Es ist gut. Ethisch und gut – beide Begriffe liegen damit ganz nahe beieinander.

Mit der Werteorientierung von Unternehmen beschäftigt sich die Unternehmensberatung Deep White aus Bonn. Um den Zusammenhang zwischen Werten und Wirtschaft zu belegen, ermittelte Deep White zusammen mit der Universität St. Gallen das gesamte Werteinventar der abendländischen westlichen Kultur von insgesamt 165 Werten. Von diesen 165 Werten erwiesen sich nach einer Vorstudie 63 als relevant für Unternehmen. Aus diesen 63 Werten wiederum konzipierte das Team aus Wissenschaftlern und Praktikern 143 Items für eine Online-Befragung. Diese Fragen sollten ermitteln, inwieweit Werte wirklich erlebt und gelebt werden. An der Studie nahmen 33 Unternehmen mit überwiegend mehr als 5 000 Mitarbeitern teil. 2 134 Führungskräfte der mittleren Ebene in diesen Unternehmen gaben Interviews per Online-Umfrage. Der Gedanke hinter dieser Auswahl war, dass das obere Management eine überwiegend sehr stark ausgeprägte Identifikation hat und ihre Antworten damit dem Einfluss der „Sozialen Erwünschtheit" unterliegen könnten. Die mittlere Ebene dagegen, zwischen den Erwartungen der Führung und der täglichen Praxis eingekeilt, sind am ehesten in der Lage, die gelebte Kultur am Arbeitsplatz für sich und ihr Umfeld einzuschätzen. Mitarbeiter der unteren Ebene – so eine Erkenntnis aus ähnlichen Erhebungen – reflektieren weniger die Erfordernisse des Arbeitsplatzes als vielmehr ihre persönlichen Erwartungen.

Aus dem Ergebnis der Studie lassen sich Erfolgs- und Misserfolgsstrategien ableiten. Negativ auf den Erfolg wirkt eine starke Formalisierung, die einhergeht mit Werten wie Routine und Kontrolle. Auch ein zu großes Engagement im Bereich Diversity (Vielfalt, Berücksichtigung von gegebenen Unterschieden, zum Beispiel ethnischer Herkunft, Geschlecht) bremst eher als dass es motiviert. Dies hat nichts damit zu tun, dass das Bemühen um die Gleichberechtigung bei unterschiedlichen Voraussetzungen schlecht wäre, sondern lediglich damit, dass eine quotierte und verordnete Gleichbehandlung mit vielen Regeln und Anordnungen einhergeht, die Systeme starr und unbeweglich machen. Diversity und Formalisierung liegen damit eng beieinander.

Ein weiterer negativer Erfolgsfaktor ist Macht. Unternehmen, die stark Macht orientiert sind, sind durch starre Hierarchien geprägt. Führungskräfte und Mitarbeiter in diesen Unternehmen legen viel Wert auf Statussymbole und folgen ungeschriebenen Formal-Gesetzen bis zur „Kleiderordnung". Dabei ist das perfekte Unternehmen keineswegs ein unnatürliches „Modelgesicht" aus zusammengewürfelten Werten. Vielmehr zeigte die Studie, dass sich bestimmte Werte bei Unternehmen bündeln und diese besonders relevant sind, wenn sie in Kombination mit anderen stehen. Als starke Erfolgstreiber entpuppten sich alle Werthaltungen, die die Entwicklung des Einzelnen im Unternehmen fördern und eine Verbindung zur Arbeit und zum Unternehmen ermöglichen. Beispielsweise alle Werte, die auf den Faktor Strategische Kompetenzentwicklung zielen, Werthaltungen, die zum Inhalt haben, das Potenzial von Mitarbeitern optimal zu nutzen und zu fördern. Das Gleiche gilt für die Werte des Faktors Corporate Citizenship, der das gesellschaftliche und kulturelle Engagement eines Unternehmens beschreibt. Auch das Ausleben des Wertes Menschlichkeit wirkt sich positiv auf den Erfolg aus. Nur geringen Einfluss dagegen besitzt das Arbeitsklima. Mitarbeiter von ethischen Unternehmen haben nicht automatisch ein besonders angenehmes Arbeitsleben mit hohem Freizeitwert und Kollegen, die alle die besten Freunde sind.

Vor allem Letzteres ist interessant, da mit einem guten Unternehmen am ehesten ein gutes Arbeitsklima assoziiert wird. Meine nicht-repräsentative, aber doch aussagekräftige Umfrage bei den „guten“ Unternehmen bestätigt: Das Klima ist dort nicht unbedingt deutlich besser. 60-Stunden-Wochen sind auch dort normal, die Inhaber und Geschäftsführer erwarten nicht weniger als andere, sondern oft sogar mehr. So arbeitet ein ehemaliger Mitarbeiter eines Konzerns beim Drogeriemarkt Budni deutlich mehr für erheblich weniger Geld. „Trotzdem hat sich der Wechsel für mich absolut gelohnt. Ich weiß, wofür ich hier arbeite, es hat Sinn.“

Ein Budni-Filialleiter berichtet:

„Ich mache alles, was meine Mitarbeiter auch tun: Regale aufpacken, Kunden beraten, kassieren, im Notfall den Boden wischen – nach Möglichkeit nur noch engagierter, als die Mitarbeiter es tun.“ Dazu kommen Schulungen, Mitarbeitergespräche, strategische Planung. Mit einer 50-Stunden-Woche muß ich rechnen.“[47]

„Gutsein“ zehrt an den Kräften

Bei der Beschäftigung mit dem Arbeitsklima habe ich auch eine Antwort auf meine eingangs formulierte zweite Frage gefunden: Gibt es weniger Hauen und Stechen in „guten“ Unternehmen? Klar ist: „Gute“ Unternehmen sind keine stressfreien Zonen und auch keine Paradiese. Es gibt dort auch Reibereien und die Verführungen der Macht – mindestens genauso und mitunter sogar heftiger als in anderen Unternehmen. Konflikte werden allerdings eher offen ausgetragen, unfaires Verhalten wird engagierter bekämpft. Die

Motivation mit Werten erzeugt ein höheres persönliches Engagement bei den Mitarbeitern, zugleich aber auch mehr Leidenschaft und Emotionen. Anders als in manchem „normalen" Konzern leben Mitarbeiter mit dem Unternehmen und nicht nebenher. So ist es ihnen auch nicht gleichgültig, wenn etwas Ungerechtes passiert. „Gute" Unternehmen funktionieren damit fast immer nach dem Prinzip der von Ulrich Hemel definierten und von mir auf Seite 38 beschriebenen „auserwählten Gemeinschaft", die etwas Besonderes ist oder sich für etwas Besonderes hält. Solche auserwählten Gemeinschaften können ethisch motiviert sein oder durch individualistisches Anderssein, wie es die Werbewelt gern demonstriert. Sie können also eine positive wie eine negative Ausrichtung prägen.

In solchen auserwählten Gemeinschaften sind viel mehr persönliche Gefühle und Bindungen im Spiel als anderswo. Egal, mit wem ich gesprochen habe – überall wurde mir dies bestätigt. Es wird engagierter um die richtige Interpretation von Werten gerungen. Auseinandersetzungen verlaufen nicht selten dramatischer. Marc Wethmar, ehemals Geschäftsführer der Weleda AG und heute selbstständiger Unternehmensberater, war bereit, sich darüber mit mir zu unterhalten. Wethmar hat zehn Jahre für Weleda gearbeitet, bevor er nach einer wie er selbst sagt „schmerzhaften Trennung" in die Schweiz zog und dort in „normalen" Konzernen arbeitete. Eine kurze Zusammenfassung:

Wie war es für Sie, bei Weleda zu arbeiten?
Wethmar: Für mich ist das Unternehmen Weleda rückblickend eine sehr reiche Welt, mit ganz stark ausgeprägten Wertvorstellungen. Es ist der Weleda über die vielen Jahre gelungen, diesen Wertvorstellungen treu zu bleiben und dennoch wirtschaftlichen Erfolg zu haben. Das war allerdings ein ständiges Spannungsfeld.

Ist es wirklich so, dass es das übliche „Hauen und Stechen" in einem werteorientierten Unternehmen nicht oder weniger gibt – oder ist das eine Illusion auf der Suche nach einem „besseren" Unternehmen?
Ich bin im Rückblick überzeugt, dass Hauen und Stechen sogar mehr stattfinden kann in einem so stark werteorientierten Unternehmen. Aus dem einfachen Grund, dass die Mitarbeiter und Mitarbeiterinnen viel

existentieller mit dem Unternehmen verbunden sind. Die Identifikation ist sehr hoch. Dies wiederum bedingt eine stärkere emotionale Verbundenheit als in einem Unternehmen, das auf Motivation durch äußere Faktoren wie Geld, Macht, Einfluss setzt. Und wo Emotionen eine Rolle spielen, ist auch die Auseinandersetzung gefühlsbetonter. Es geht einem einfach alles sehr viel näher.

Haben Sie nicht ein Kontrastprogramm durchlebt – erst Weleda, dann die Konzernwelt? Wo sind die Unterschiede in der Führung?
Ich denke, dass in einem Unternehmen wie Weleda die innere Autorität mehr ins Gewicht fiel.
Aufgrund der starken Ausstrahlung der Weleda gab es aber auch so eine Art vom Unternehmen verliehener Autorität. Und auch bei der Weleda gab es natürlich Tendenzen, den Machtweg zu gehen.
Ich schildere es jetzt, aus den Erfahrungen der letzten sieben Jahre bei Randstad und Credit Suisse, zwei Grossunternehmen unterschiedlicher Signatur, immer so: Die Weleda ist eine sehr „reiche“ Welt gewesen, ich bin aber wirklich froh, jetzt andere Welten von innen kennen gelernt zu haben. Ich habe auch die Beschränkungen dieser reichen Welt gesehen. Ich habe selber meine missionarische Ader für eine bessere Welt hinter mir gelassen, bin sehr viel bescheidener geworden, und ich sehe die Welt viel differenzierter. Es gibt nicht nur Schwarz und Weiß und nicht ganze Unternehmen, die nur gut oder nur böse sind. Auch in den Konzernen habe ich viele Menschen kennen gelernt, die wertvolle Motive im Umgang mit ihren Mitarbeitern und Mitarbeiterinnen beherzigen.

Irritierend, dass auch das Paradies nicht nur paradiesische Zustände bereithält? Nein. Von einer friedlichen Welt träumen wir – aber immer nur Frieden, nie Streit, immer nur alles bekommen, erreichen, keine Ungerechtigkeit, nicht der Hauch von „Dallas im Unternehmen“? Das wäre langweilig. Gut und böse können nur nebeneinander existieren, wenn das Gute aus der Abgrenzung zum Bösen wächst und stärker wird.

So ist dann doch wieder beruhigend, dass es die Perfekt AG nicht gibt und auch gute Unternehmen Makel haben. Es ist schön, dass sie sich trotzdem positiv von schlechten Unternehmen abheben. Und dass Gut eben nicht gleichzusetzen ist mit Spaßhaben und Sattsein.

Nicht jeder kann „gut“ sein

Eine Illusion muss ich trotzdem kippen. Gutsein ist nicht jedem Unternehmen dauerhaft möglich. Alle hier angeführten Unternehmen sind nicht börsennotiert. Bei börsennotierten Aktiengesellschaften ist die Gefahr unterschiedlicher Einflussnahmen sehr viel größer, Vorstände sind nicht selten ihrerseits Marionetten – wie der ehemalige Vorstand der Salzgitter AG, Hans-Joachim Selenz – eindrücklich beweist. Selenz weigerte sich, eine gefälschte Bilanz zu unterschreiben und ist heute Autor wirtschaftskritischer Bücher. Allein die Tatsache, dass es jemand wagte, ihm eine solche Bilanz vorzulegen, zeigt, dass der Einfluss von CEOs letztendlich begrenzt ist.

Eine „Heuschrecke“, wie Investoren neudeutsch genannt werden, die sich in marode Unternehmen einkauft, um diese aufzupäppeln und dann auszusaugen, wird aufgrund ihres natürlich kurzfristigen Gewinninteresses niemals die – immer langfristig angelegte – Ethik in den Vordergrund ihres Interesses stellen. Da schon wenige Prozentpunkte Anteil am Aktienkapital ausreichen, um etwa den Einfluss bei der Besetzung von zentralen Positionen geltend zu machen, sind die Weltkonzerne ihrer Natur nach nicht auf Ethik ausgelegt. Die Größe der Unternehmen macht es wahrscheinlich, dass immer wieder „Bruchstellen“ entstehen, die von der Spitze oder einem Teil der Spitze nicht gewollt sind. So wie bei einem Automobilkonzern, dessen Ex-Vorstand in einen öffentlichen Mobbing-Skandal hineingezogen worden ist. Seitdem versucht der Konzern allen Managern und Mitarbeitern Verhaltensregeln beizubringen – aber wie soll man einem Weltkonzern bis in das hinterste Bürozimmer, das keiner der ständig wechselnden und mal mehr, mal weniger vorbildlichen Vorstände je persönlich betritt, ethisches Verhalten vermitteln? Allein die Zahl der Mitarbeiter erhöht die Wahrscheinlichkeit von „Ausreißern“.

Die beste Kontrolle können hier Kunden ausüben, die Produkte auffällig unethischer Firmen einfach nicht kaufen. Eine Kontrolle könnten Bewerber ausüben, die unethische Unternehmen meiden – wenn sich die Verhältnisse wieder verschieben und sich der Wind gegen die Arbeitgeber stellt. Oder Aktionäre, die nicht in unethische Unternehmen investieren. Aber um die Voraussetzungen für so ein System der Selbstkontrolle zu schaffen, müsste sich die Welt schon ganz schön drehen – welche Richtung für diese Wende die beste Basis legt, beschreibe ich im nächsten Kapitel.

Es gibt die richtigen Werte

Gespräch mit Gregor Schönborn, Gründer der Unternehmensberatung Deep White GmbH in Bonn

Sie belegen in bisher zwei verschiedenen Studien, dass Erfolg und Wertekultur in engem Zusammenhang stehen. Wie nehmen das die Firmen an?
Schönborn: Es herrscht schon ein reges Interesse an unseren Studien und unserer Beratung. Das Bewusstsein steigt, doch eine ethische Wertekultur auch konsequent umsetzen – da sind viele Unternehmen noch nicht so weit.

Ist es die Angst vor Veränderung?
Schönborn: Werte müssen gelebt werden und nicht nur proklamiert. Das ist ein Weg, der im Grunde genommen nicht enden wird. Die Veränderung einer Wertekultur ist kein vier-Wochen-Projekt, sondern bedeutet einen grundlegenden Wandel, der das ganze Unternehmen einbeziehen muss. Davor scheuen viele Firmen trotz Interesses an der Thematik noch ganz einfach zurück.

Wer wagt es doch? Welche Unternehmen sind das?
Schönborn: Wenn die Überzeugung der Führung groß ist oder ein gewisser „Leidensdruck“ aufgrund wirtschaftlicher Einbußen durch Kulturfehlern entstanden ist. Die Unternehmenskultur hat ja direkt z.B. mit Kundenorientierung, Qualitätsbewusstsein oder Innovation zu tun.

Sie meinen: Ein Unternehmen wie die Deutsche Telekom, die nicht nur von der Konkurrenz bedrängt sind, sondern bei denen auch ein unglaubliches internes Chaos herrschen soll.
Schönborn: Das kann ich für die Telekom nicht beurteilen. Es ist aber ganz natürlich, dass der Druck aus einem Dienstleistungsmarkt, in dem es auf Innovation und Kundenorientierung ankommt, die Handlungsbereitschaft zur Veränderung beschleunigt.

Was machen Unternehmen wie die anthroposophische Firma Weleda anders? Solche Unternehmen gelten als Parade-Beispiele für Wertekulturen.
Schönborn: Es gibt weitere Beispiele von Unternehmen, die nicht nur Wert auf ökonomischen Erfolg als einziges Ziel legen, sondern wo die Mission des Unternehmens die Mitarbeiter vollkommen überzeugt. Das muss nicht immer die hohe ethische Anforderung an das Produkt oder die Leistung sein. Vollkommene Überzeugung ist auch in einer Schraubenfabrik möglich. Bei Weleda steht beispielsweise die permanente Weiterentwicklung der Mitarbeiter ebenso im Mittelpunkt wie die Qualität der Produkte. Sie haben ein humanistisches Menschenbild, geben Freiraum und Anerkennung für individuelle Leistung.

Und die anderen: Was machen die weniger erfolgreichen Unternehmen, die laut ihrer Untersuchung dann ja auch andere Wertekultur verkörpern?
Schönborn: In diesen Unternehmen gibt es zu viele Regeln, Vorschriften, Kontrolle und starke Hierarchien. Die Mission ist häufig nur die Umsatzzahl des nächsten Quartals. Es herrscht Routine und ein ungesunder Wettbewerb untereinander wird gefördert. Da lässt man dann beispielsweise zwei Teams mit den gleichen Aufgaben gegeneinander antreten, um hinterher zu sehen, wer dass bessere war.

Manche Unternehmen, die so arbeiten, sind dennoch erfolgreich. Ich denke an die Deutsche Bank. Oder an das Unternehmen Continental, das sich auch an Ihrer Studie beteiligt hat und nicht gerade für seine ausgeprägte Ethik bekannt ist.
Schönborn: Das stimmt. Eine richtig gewählte Stichprobe für die empirische Untersuchung enthält immer einen Mix. Der größte Teil der Unternehmen wurde aus der Liste der 500 größten Unternehmen akquiriert. Wir haben aus den erfolgreichsten und den am wenigsten Erfolgreichen die Untersuchungsgruppe ausgewählt. Wenn ein bestimmter Kulturtyp eine signifikante Wahrscheinlichkeit auf die Zugehörigkeit zur Gruppe der Erfolgreichen zeigt, dann ist das eine allgemeingültige Aussage. Die Ergebnisse entstehen trotz der Ausnahmen, die damit im sprichwörtlichen Sinne sogar die „Bestätigung der Regel“ bedeuten. Wir haben alle lernen müssen, dass Rauchen ungesund ist, trotzdem gibt es genügend Beispiele wo der Onkel mit Zigaretten 90 Jahre alt wurde.

Ist der Erfolg von Unternehmen mit einer „schlechten Wertekultur“ nicht vielleicht auch nur kurzfristig? Die Vermutung liegt doch nahe, dass das durch Kontrolle aufrechterhaltene Leistungssystem irgendwann zusammenbricht. So wie auch Diktaturen sich immer nur zeitweise halten können.
Schönborn: Ich bin davon überzeugt, dass zwei ökonomisch und technisch in gleicher Weise kompetent handelnde Unternehmen sich unterschiedlich entwickeln werden, wenn das eine davon eine ethische Komponente stärker berücksichtigt und den Menschen stärker in den Mittelpunkt stellt. Das kann aber durch unsere Studie noch nicht nachgewiesen werden.

Sie machen das Gallup-Institut arbeitslos...
Schönborn: Na ja, ... Aber es ist in der Tat so, dass die Mitarbeiterzufriedenheit zwar ein wichtiger, aber bei weitem nicht der wichtigste Faktor der Unternehmenskultur ist. Und es geht noch weiter: Arbeitsfreude kann sogar eine Erfolgsbremse sein. Wenn alle Mitarbeiter ganz viel Spaß bei der Arbeit haben sollen, deren Zufriedenheit im Vordergrund steht oder Top-Bezahlung im Vordergrund steht, heißt das noch lange nicht, dass die Mitarbeiter besser arbeiten. Geld motiviert nur begrenzt und satte Mitarbeiter arbeiten nicht besser für die Kunden.

Vielleicht machen sie öfter Pausen, feiern viel und bekommen ganz viele tolle Sozialleistungen.
Schönborn: Genau, aber auf den Erfolg wirkt sich das eben nicht 1:1 positiv aus. Es kann sein, dass ein Mitarbeiter, der früh Feierabend machen kann, ein gutes Gehalt bekommt und einmal in der Woche Jubiläen feiert, sehr zufrieden ist. Das korreliert aber nicht mit dem Erfolg seines Unternehmens.

Interessant ist auch der von Ihnen untersuchten Faktor Diversity. Dahinter stecken Werte wie Gleichberechtigung von Mann und Frau oder auch von Schwarz und Weiß.
Schönborn: Vor allem amerikanische Unternehmen legen hierauf sehr viel Wert, nicht zuletzt aus gesetzlichen Gründen. Allerdings wirkt sich Diversity nicht positiv, sondern ähnlich wie Macht eher negativ auf den Erfolg aus. Unternehmen, die sehr viel mit Quoten arbeiten, reglementieren auch stark. Aus unserer Studie geht klar hervor, dass sehr Macht orientierte und stark formalisierte Unternehmen weniger Erfolg haben. Das sind Unternehmen, die sehr viele Vorschriften und Regeln aufstellen und für die Kontrolle ein zentrales Managementinstrument ist. Gleichberechtigung ist im Sinne von Chancengerechtigkeit sehr viel wertvoller als Gleichheit.

Ein Wertewandel, das sagen Sie selbst, vollzieht sich nicht in wenigen Wochen, sondern ist ein permanenter Weg. Was aber muss ein Unternehmen tun, das einen solchen Wandel anstoßen will, welches sind die ersten Schritte?
Schönborn: Erst einmal muss der Ist-Zustand erfasst werden. Welche Werte werden bereits gelebt, welche sind dem Unternehmen wichtig? Wo zeigen sich im ermittelten Werteprofil Stärken und Schwächen in Bezug auf die Erfolgswahrscheinlichkeit? Einer unserer Kunden nannte etwa den Wert „Stil", der besonders wichtig sei. Nun muss geschaut werden, was die Manager darunter verstehen. Was bedeutet Stil? Wie wirkt sich Stil im gelebten Alltag aus? Dann muss ein Konsens darüber gefunden werden, welche Werte bewusst gelebt werden sollen und woran sich das zeigen soll.

Und dann gibt es eine Hochglanzbroschüre!
Schönborn: Bitte nicht. Viel wichtiger ist es, erst einmal im Dialog und Konsens festzulegen, welche Werthaltungen dem Unternehmen wichtig sind – und warum das so ist. Zweitens sollte die gesamte Führungsebene geschlossen hinter einer Programmatik stehen und sich als Vorbild sehen. Und schließlich muss klar sein: Was haben die Manager und Mitarbeiter davon, wenn sie Werte leben? Wer sich im Wertekanon des Unternehmens verhält, der soll auch Vorteile dadurch haben. Es sollte sich zum Beispiel positiv auf die Karriere und auch auf sein Gehalt auswirken.

Und wenn sich jemand nicht daran hält?
Dann muss ihm Hilfe angeboten werden. Andere Führungskräfte könnten mit ihm zusammen den Weg zum werteorientierten Verhalten aufzeigen.

Also eine Art Wertecoaching? Was, wenn auch das nicht hilft?
Schönborn: Wenn Manager und Mitarbeiter sich nicht an die vereinbarten Werte halten, dann ist dies vielleicht ein wichtiger Prüfstein für die Frage, ob jemand wirklich zu diesem Unternehmen passt. Jede Kultur wird auf lange Sicht die Mitarbeiter und Führungskräfte binden, die zu ihr passt – umgekehrt gilt sicher das Gleiche.

Vision 2015 – Wie Unternehmen gut werden und warum Arbeit demnächst weniger mit Geldverdienen zu tun haben sollte

Spinnen wir mal. Das eingangs auf Seite 19 beschriebene Jahr 2015 könnte auch ganz anders aussehen, nämlich so:

Seit zwei Jahren erhält jeder Bürger der Bundesrepublik ein Einkommen von 1200 Euro. Damit kann er – nicht besonders gut, aber immerhin – leben. Der Arbeitsmarkt hat sich extrem entspannt, Hauen und Stechen gibt es kaum noch. Endlich können es sich Menschen leisten, in ihren Traumjobs zu arbeiten, auch bei geringer Bezahlung. Andere verdienen ein Vielfaches ihres Grundeinkommens, haben aber weniger Angst vor Jobverlust, weil die Firmen sich extrem um sie bemühen und der Fall bei Arbeitslosigkeit nicht sehr tief wäre ...

Im folgenden Kapitel möchte ich die Verbindung zwischen dem Thema Klassenkampf und Grundeinkommen für alle Bürger herstellen. Ich bin der festen Überzeugung, dass dieses wie ein Befreiungsschlag für die Menschen sein würde und das Jeder-gegen-jeden eindämmen könnte. Es würde dafür sorgen, dass alle Unternehmen so gut werden wie dm oder Braun Melsungen. Denn: Der Klassenkampf ist ein Ergebnis des Kampfes um Arbeit. Da Arbeit für Menschen die Lebensgrundlage ist, ist es damit auch ein Kampf um die eigene Existenz. Arbeit dient der Existenzsicherung. Und um die Existenz, das zeigt die Geschichte, wurde immer schon mit den härtesten Bandagen gekämpft.

Es ist dafür nötig, eine Wahrheit zu akzeptieren, die uns Politiker bisher vorenthalten wollen: Es geht um die eine Klasse, die wir bisher kaum angesehen haben: die der heute oder morgen Arbeitslosen.

Drama ohne Ausweg: Arbeitslosigkeit

Es geht um die Arbeitslosigkeit breiter Schichten. Die Wahrheit ist, dass die Massenarbeitslosigkeit im globalen Wettbewerb unter den derzeitigen Voraussetzungen gar nicht mehr wesentlich zurückgehen kann. Es wird weiterhin einen großen Bestand an Arbeitslosen geben. Arbeit wird sich verändern. Und Großunternehmen werden turnusmäßig Hunderte und Tausende Mitarbeiter freisetzen. Auch wenn sie noch so viel Gewinne schreiben, so wird die Wirkung der letzten Abbaumaßnahme nur wenige Jahre vorhalten. Und wenn die Konjunktur anzieht, so wird sie nur unwesentlich und vorübergehend daran etwas ändern.

Einen kleinen Vorgeschmack bieten die für 2006 und 2007 geplanten Stellenabbauten – und nur einen Einblick.

Unternehmen	**Anzahl der Stellen, die gestrichen werden**
AEG	1 750
Allianz	7 500
Deutsche Telekom	32 000
Daimler Chrysler	6 000
Mercedes	16 000
Opel	9 000
KarstadtQuelle	5 700
Deutsche Bank	6 400
Walter Bau	3 000
HypoVereinsbank	2 400
Siemens	2 400
Volkswagen	Mehrere Tausend, bisher 2 000 Aufhebungsverträge unterschrieben

Machen wir uns nichts vor: Es gibt innerhalb der Wirtschaftsunternehmen schon lange nicht mehr für jeden eine gut bezahlte Arbeit. Eine Illusion ist es zu glauben, dem Jobabbau könne Einhalt geboten werden! Meine Liste der in diesem und im nächsten Jahr zur

Disposition stehenden Stellen hat noch lange keinen Anspruch auf Vollständigkeit. Sie wird sich zudem wöchentlich erweitern. Dies wird immer mehr unabhängig von der ökonomischen Lage der Unternehmen und losgelöst von der Konjunktur erfolgen: Seit rund zwei Jahren hat sich der Trend umgekehrt: Konzerne bauen nicht mehr nur ab, wenn sie Verluste einfahren, sondern auch, wenn sie deutlich in der Gewinnzone liegen. Sie tun dies mit Blick auf den globalen Wettbewerb, um auch im nächsten und übernächsten Jahr noch konkurrenzfähig zu sein.

Unternehmen werden immer darwinistischer werden müssen und Systeme etablieren, in denen nur noch ein „Survival of the Fittest" möglich ist, das auf besonders leistungsstarke Menschen und eine junge bis mittlere Altersgruppe zielt. Ich glaube nicht an die Rettung durch die Demografie, die Deutschland schrumpfen und altern lässt: Produktionstätten, die immer weniger menschliche Handarbeit erfordern, machen im gleichen Tempo Arbeit überflüssig oder verlagern die verbleibende Arbeit in andere Länder. Der ab 2010 beschworene Fachkräftemangel wird daran kaum etwas ändern können: Die hochqualifizierten Fachkräfte machen nur einen Bruchteil der erwerbstätigen Bevölkerung aus, und das wird sich mit Blick auf unser Bildungssystem und auf die Tatsache unterschiedlicher intellektueller Voraussetzungen und familiärer Rahmenbedingungen auch nur langsam ändern. 17,6 Prozent aller Erwerbstätigen sind Kandidaten für den Niedriglohnsektor mit weniger als 9,60 Euro Stundenlohn – diese Zahl steigt von Jahr zu Jahr. Dreißig Prozent aller Beschäftigten arbeiten nur Teilzeit, oft unfreiwillig. Diese Werte steigen von Jahr zu Jahr. Zu den rund 4,6 Millionen Arbeitslosen gesellt sich eine nicht erfasste Zahl an Menschen, die arbeiten wollen, aber zu viel Geld haben, um Arbeitslosengeld II zu beanspruchen und sich deshalb erst gar nicht arbeitslos melden. Diese Gruppe ist nirgendwo erfasst und fällt aus der Statistik vollkommen heraus.

Konzerne werden weiter nach Eigenkapitalrenditen von 25 Prozent und mehr streben, um im globalen Wettbewerb bestehen zu können. Sie werden dafür weiter auf den Finanzseiten und in Finanzzeitschriften durch Kaufempfehlungen an die Leser gelobt und in Boulevardblättern gescholten werden. Sie werden ihre Prozesse immer weiter optimieren, Unternehmensberatungen geben sich die Türklinke in die Hand. Ständig neue Einsparpotenziale ergeben sich aus Fusionen, Outsourcing und technischer Optimierung. Wer sich im globalen Wettbewerb befindet, wird auf Dauer kaum neue Arbeitsplätze schaffen. Abbau und Umstrukturierung sind Begleiterscheinungen des Fortschritts. Renditen unter zehn Prozent werden auch morgen nur den mittelständischen Unternehmen genügen, die weniger vom globalen Konkurrenzdruck und nicht von den Erwartungen der Aktionäre getrieben werden. Es ist Zeit, das als ein Phänomen der börsennotierten Unternehmen zu akzeptieren. Das heißt natürlich noch lange nicht, dass das Jeder-gegen-jeden toleriert werden muss.

Wissen macht (auch) arbeitslos

Das Industriezeitalter ist zu Ende. „Die Zeit der rauchenden Schlote, der Massenproduktion und monotonen Handarbeit ist vorbei, die Zukunft gehört der Wissensverarbeitung, den intelligenten und sauberen Jobs. Demnach befinden wir uns inmitten eines Strukturwandels, an dessen Ende die Wissensgesellschaft das Industriezeitalter abgelöst haben wird, so wie jenes einst die Agrargesellschaft verdrängte.“[48] Nur die Gewerkschaften – Relikt der Industriegesellschaft – haben es bisher nicht gemerkt: Der Klassenkampf im marxistischen Sinne ist mit dem Wandel vom Industriezeitalter zur Wissensgesellschaft beendet. Im neuen Klassenkampf des Wissenszeitalters gewinnt, wer einen Wissensvorsprung hat oder diesen gut verkaufen kann. Niemand kann sich so einfach persönlichen Wissens bemächtigen, deshalb ist dieser Kampf sehr viel subtiler und die Verhältnisse zwischen den Job-Losen und den Job-Besitzenden wandeln sich fließend.

Die Entwicklung hin zur Wissensgesellschaft verändert die Arbeitswelt radikal: Sie ist unaufhaltsam und untrennbar mit dem Verlust niedrig qualifizierter Arbeit und mit einem erschreckenden Gehaltsdumping bei nicht auf Wissen basierender Arbeit verbunden. Dies wird die schlecht Qualifizierten dauerhaft an den Rand stellen – gleich wie viel und wie oft sie nachqualifiziert werden.

Bei näherem Hinsehen bemerkt man vielfältige Ursachen für eine Arbeitslosigkeit: Ich habe Arbeitslose kennen gelernt, die 15 Jahre und länger ausschließlich zwischen einer überbetrieblichen Ausbildung, Weiterbildung und Arbeitslosigkeit gependelt sind und im Alter von 40 Jahren noch nie eine Festanstellung hatten, weil sie auf dem so genannten ersten Arbeitsmarkt einfach schon durch die Zahl ihrer Weiterbildungen keine Chance hatten. Oder Menschen, die mit den harten Anforderungen der Arbeitswelt physisch und oft auch psychisch gar nicht zurechtkommen, vielleicht auch nur zeitweise. Es gibt Querköpfe, die vielleicht eine gute Ausbildung haben, aber sich wegen ihrer Persönlichkeit nicht eingliedern lassen. Andere können mit 30 Jahren nicht einmal einen Satz fehlerfrei schreiben oder zwei Zahlen zusammenrechnen. Es gibt Ältere, gescheiterte Selbstständige, Selbstständige am Existenzminimum, Mütter mit fehlender Flexibilität (auch bei besten Betreuungsmöglichkeiten!) und Akademiker, die nie so recht den Einstieg geschafft haben. All diese Menschen, die sehr wohl erwerbsfähig sind, haben zunehmend größere Schwierigkeiten, sich in der Wissensgesellschaft der Zukunft zu behaupten.

Lothar Späth und der frühere McKinsey-Manager Herbert A. Henzler haben im Jahr 1993 eine Berechnung angestellt: Was würde passieren, schöpfte man das technisch machbare Automationspotenzial in der Bundesrepublik voll aus? Die Antwort: Die Arbeitslosenquote läge bei 38 Prozent!

Davon sind wir laut Statistik der Bundesagentur für Arbeit noch weit entfernt, aber in Wahrheit nähern wir uns diesem Wert an. Das würde sich zeigen, wenn wir anders rechnen würden. Von den heute 46 Millionen Erwerbspersonen zwischen 15 und 65 Jahren, sind nur noch 23,5 Millionen sozialversicherungspflichtig vollzeit beschäftigt, also etwa die Hälfte. Vor 15 Jahren waren es noch 70 Prozent.[49]

Die Nicht-Arbeitenden sind nur zum Teil als Arbeitslose registriert, viele leben vom Ersparten oder schlagen sich mit Gelegenheitsarbeit und Schwarzarbeit durch, die inzwischen ein knappes Fünftel des Bruttoinlandsproduktes erwirtschaftet. Sehr klar und deutlich sagt es der bereits eingangs zitierte Peter Glotz in der Zeitschrift *brand eins*: „Das Gerede von Vollbeschäftigung (...) ist nichts weiter als sinnloses Geschwätz.“[50]

Hinzu kommt ein weiteres Dilemma: Ein Großteil der Jobsuchenden kann mit den heutigen Anforderungen nicht mithalten. 14 bis 15 Millionen Bundesbürger – also gut ein Drittel der erwerbsfähigen Bevölkerung – sind laut Dr. Thomas Straubhaar, Direktor des HWWA, nicht in der Lage, in Zukunft auf dem Arbeitsmarkt mitzuhalten.[51]

Die neue Klasse der Geringverdiener

Wie soll durch Reformen des Sozialsystems Arbeit entstehen, wenn substanziell keine (bezahlte) Arbeit verfügbar ist? Dass Hartz-IV vor diesem Hintergrund gar nicht greifen konnte, muss jedem Experten von Anfang an klar gewesen sein. So verblüfft es mich, dass es die Experten überrascht, die für Hamburg ermittelt haben, dass nur jeder zehnte Ein-Euro-Jobber einen dauerhaften Arbeitsplatz bekommt. Aus drei Millionen versprochenen neuen Arbeitsstellen sind bis heute gerade einmal 13 000 geworden – das dafür verschleuderte Geld steht in keinem Verhältnis zum erzeugten Nutzen. Was sich vermeintliche Arbeitsmarktexperten da ausgedacht haben, war wenig mehr als heiße Luft.

Der Ansatz muss also ein anderer sein, die erste Veränderung muss im Kopf beginnen: Uns wird nichts anderes übrig bleiben, als das Ende des Traums von der Vollbeschäftigung und den Darwinismus der Firmen (wenngleich vielleicht in einer humaneren, ehrlicheren Form, doch dazu später) zu akzeptieren. Der Niedriglohnsektor wird wachsen und kann nicht abgeschafft werden. Laut Angaben des deutschen Gewerkschaftsbundes (DGB) arbeiten bereits jetzt ein Drittel aller Beschäftigten in einem Einkommensbereich, der pro Person im Haushalt jährlich weniger als 14 100 Euro einbringt. Das sind bei zwölf Gehältern rund 1 175 Euro netto. Friseurinnen, Erzieherinnen, Call-Center-Mitarbeiter – es gibt eine Reihe Berufsgruppen, die so viel Geld kaum brutto erhalten. Dass von solch niedrigen Einkünften überhaupt Sozialabgaben zu zahlen sind, offenbart einen der grundlegend ungerechten Verteilmechanismen in unserem System.

Bürokaufleute verdienen in kleineren Firmen, die tarifungebunden sind, kaum mehr als einen Tausender. Ja, selbst einige Akademikergruppen werden es nur mit sehr viel Aufstiegsglück und persönlicher Energie je über die 2 500-Euro-Brutto-Marke schaffen, was netto wiederum oft nur 1 500 Euro ergibt. Dies betrifft vorwiegend Beschäftigte im Kulturbereich, in Agenturen, kleineren Firmen, Verlagen oder Modedesigner. Von der seit Jahren steigenden Anzahl Freiberufler und kleiner Selbstständiger, die rein statistisch nicht zu den Arbeitslosen hinzugerechnet werden, aber oft auch am Existenzminimum herumdümpeln, ganz zu schweigen. Und von den Selbstständigen behauptet nur das Klischee, dass sie mehr verdienen als Angestellte. Juristen etwa erzielen einen durchschnittlichen Gewinn von 30 000 Euro im Jahr, das sind kaum 2 500 Euro Bruttoeinkommen im Monat. Immer mehr Juristen und auch andere selbstständige Berufsgruppen erhalten aufstockendes Arbeitslosengeld II, also einen Zuschuss von der ARGE, weil ihr Gewinn nicht zum Leben reicht.

Der durchschnittliche „Wort-Künstler" hat bei der Künstlersozialkasse gerade einmal 13 000 Euro gemeldet: Einkommen, also Gewinn. Einen Betrag, von dem noch Steuern und Sozialabgaben zu zahlen sind. Dazu zählen beispielsweise freie Journalisten, die für Tageszeitungen arbeiten und intellektuell anspruchsvolle Arbeit für die Wissensgesellschaft leisten.

Hinzu kommen Graubereiche, die gar nicht offiziell zum Niedriglohnsektor zählen, die Menschen aber zwingen, von sehr wenig Geld zu leben. Dies betrifft die dreißig Prozent der Erwerbstätigen, die freiwillig oder unfreiwillig Teilzeit arbeiten. Nicht wenige diese Teilzeit-Jobber ernähren mit ihrem kargen Lohn die Familie, weil sie eben nicht über Hartz IV in das Staatssäckel greifen wollen.

Ganz unterschiedliche soziale Schichten – eben nicht nur die Proletarier im marxistischen Sinn – sammeln sich in der neuen Klasse der Geringverdiener, die sich im fließenden Übergang zur Klasse der Job-Losen befindet. Viele davon lieben ihre Arbeit – und sie sind nur unzufrieden, weil ihre Tätigkeit so ungerecht viel schlechter vergütet wird als die Arbeit in einem Konzern. Dazu kommt der geringe soziale Status: Unsere Gesellschaft schließt automatisch von der Höhe des Einkommens auf den Wert des Menschen.

Die Heterogenität der Geringverdiener führt zu einer Zerklüftung. Konnte Karl Marx noch darauf hoffen, dass sich Proletarier verbünden, bestehen jetzt verschiedene soziokulturelle Lebenswelten parallel nebeneinander, die nur das Merkmal des geringen Verdienstes eint. Sie liegen mit ihrem Einkommen teilweise unterhalb des Hartz-IV-Niveaus, das einer vierköpfigen Familie inklusive Mietzahlungen bis zu 1500 Euro im Monat beschert. Die Kranken- und Rentenversicherung, die den Geringverdienern abgezogen wird, muss davon nicht mehr bezahlt werden. „Warum soll man da noch arbeiten gehen?", fragen sich die einen. „Wieso ist das so ungerecht?", klagen die anderen, die es dann doch tun: für wenig Geld arbeiten.

Die meisten Menschen wollen nicht im Fernsehsessel altern. Für sie ist Arbeit ein Grundbedürfnis, da die Berufstätigkeit auch soziale Kontakte sichert, die persönliche Entwicklung vorantreibt und für innere Zufriedenheit sorgt. Viele Menschen kämen wohl nie auf die Idee, Hartz IV zu beantragen, auch wenn sie es könnten.

Massenentlassungen machen ärmer

Ein weiterer Fakt wird oft vergessen, wenn über Arbeitslosigkeit gesprochen wird. Auch wenn der Abbau der großen Konzerne die Arbeitslosigkeit nicht wesentlich erhöht und diese zeitweise sogar abschwillt, so verändert er trotzdem die Gesellschaft.

Denn: Die abgebauten Mitarbeiter landen zu einem großen Teil in Jobs, die weit schlechter bezahlt sind als ihre bisherige Tätigkeit. Erstens wird Erfahrung nur noch bis zum Schritt von etwa fünf bis sechs Berufsjahren auch monetär belohnt (Ausnahme: Top-Management). Zweitens entsteht eine Wanderungsbewegung zum Mittelstand, der oft tarifungebunden ist und fast prinzipiell schlechtere Gehälter bietet. Als Outplacement-Beraterin habe ich die Erfahrung gemacht, dass der Abschlag bei gut qualifizierten Mitarbeitern mehr als 50 Prozent betragen kann. So verdiente ein Marketing-Manager 80 000 Euro in seiner alten Position und musste sich im nächsten Job mit 40 000 zufriedengeben. 30 Prozent weniger Gehalt sind seit einigen Jahren ein normaler Wert, der mit vielen beruflichen Veränderungen einhergeht.

Gehaltsverbesserungen sind nur für die jungen Top-Qualifizierten realistisch, um die die Unternehmen nach wie vor buhlen. Diese Menschen haben bereits jetzt ein teilweise verändertes Bewusstsein: Sie haben gelernt, dass Unternehmen keine Sicherheit bieten und dass berufliches Engagement sich nie langfristig auszahlt – weder durch persönliche Dankbarkeit und Loyalität noch durch ein stetig steigendes Gehalt. Sie werden sich deshalb in Folgepositionen anders verhalten und andere Lebensschwerpunkte setzen: Ihre Arbeit gut machen, um sie nicht zu verlieren, aber letztendlich immer für sich selbst entscheiden – sie sind alle Kandidaten für den auf Seite 98 beschriebenen Darwiportunismus.

„Für wen und für was bitteschön soll ich mich korrekt und fair verhalten? Ich war 15 Jahre bei diesem Unternehmen. Ich bin nie vor 20 Uhr nach Hause gekommen. Ich habe meine Kinder nicht aufwachsen sehen, wie sehr ich das bereue! Wofür? Die neuen Chefs haben von mir verlangt, dass ich meine ganze Arbeit vernichte. Sie brauchen unsere Abteilung nicht mehr. Nichts von dem, was ich 15 Jahre gemacht habe, hat heute noch Bestand.“

Annette, 44 Jahre

Annette hat nach einem halben Jahr Suche eine neue Position gefunden. Deutlich schlechter bezahlt, dafür mit mehr Freizeit. Sie bewahrt jetzt viel größere Distanz zu ihrer Arbeit, das Privatleben ist ihr wichtiger. Diese Entwicklung ist typisch für viele, die in ihrem Job alles gegeben haben und dann merkten, dass es keinen Dank dafür gibt.

Die Massenentlassungen befreien die Menschen somit letztendlich von der Vorstellung, dass Arbeit einen tieferen Wert hat und sich das eigene Engagement auszahlt, was den Jeder-gegen-jeden-Faktor erhöht. Es ermöglicht ihnen fortan, im Arbeitsleben bewusster um den eigenen Vorteil zu kämpfen, den Traumjob zu suchen, der den eigenen Fähigkeiten entspricht. Menschen entwickeln spätestens nach einigen Jahren als Workaholic – die immer mehr als Investition in die Zukunft sehen – eine größere Sehnsucht nach der Regeneration im privaten Bereich, was den Work-Life-Balance-Trend der letzten Jahre erklärt. Neben der Arbeit gewinnt so die Freizeit eine wachsende Bedeutung. Dies ist im Moment nicht im Interesse von Unternehmen. Dass sich einige – zum Beispiel BMW – trotzdem um Work-Life-Balance bemühen – was sicherlich für Entspannung im Jeder-gegen-jeden-Poker führen kann, hat mit dem Druck zu tun, den Mitarbeiter ausüben.

Die Demografielüge – Massenentlassungen enden nicht

Die Arbeitsplätze werden nicht wiederkommen, auch wenn manche sie herbeireden wollen. Mal sind es Frauen, die laut Medienprognose plötzlich besonders gefragt sein werden, mal sind es die Alten. Franz Müntefering und seine Verbündeten verweisen beim Blick auf eine Zukunft mit weniger Arbeitslosigkeit oder gar Vollbeschäftigung gern auf die Demografie. Die werde schon von sich aus ab 2010 für eine weitaus geringere Arbeitslosenquote als heute sorgen. Unternehmen müssten spätestens dann ältere Mitarbeiter einstellen, wenn keine jüngeren oder nicht mehr genügend von ihnen verfügbar sind. Dass Politiker selbst nicht daran glauben, zeigen immer neue Maßnahmen wie der jüngst von Müntefering geforderte Kombilohn für über 50-Jährige. Auch Unternehmen denken nicht an die Demografie und wie diese sie verändern könnte. Wie wenig die Unternehmen an Demografie interessiert sind, zeigt die Tatsache, dass so gut wie keine Personalabteilung sich auf die neuen Alten vorbereitet[52]. Vermutlich liegt dies auch daran, dass sie gar nicht für wesentliche Einschnitte sorgen müssen, weil sich am Kernproblem durch das Übergewicht der „Alten" nichts ändern wird. Die Jungen werden als seltene Exemplare in einer immer buckligeren Alterspyramide umso gefragter sein.

Die Unternehmen wissen wahrscheinlich auch sehr genau, dass ab 2010 noch weniger Mitarbeiter gebraucht werden als jetzt. Sie werden unter dem ständigen Wettbewerbsdruck immer wieder in Wellen entlassen, der Schrumpfprozess wird sich fortsetzen. Sie werden sich die Arbeitskräfte mit der passenden Qualifikation, wenn sie hier ausgehen, eben im Ausland holen. Und ältere Mitarbeiter, deren Qualifikationen nicht auf dem neuesten Stand sind und deren Gesundheit anfälliger ist, werden sie genauso wenig einstellen wie heute.

Da Peter Glotz einer der wenigen ist, die dieses offen aussprechen, gebe ich ihm noch einmal das Wort: „Bleibt, selbst nach dem Abhaken der meisten Punkte des reformerischen Wunschzettels, nicht der Anreiz, neue Aktivitäten nach Osteuropa oder Fernost zu verlegen, weil diese Länder inzwischen viel mehr gut ausgebildete Arbeiterinnen und Ingenieure produzieren als früher, die für einen Bruchteil des Geldes arbeiten, das in Europa bezahlt werden muss?“[53]

Die neue Idee: Grundeinkommen gegen den Klassenkampf

“Ich muss wirklich sagen, dass ich das Gerede von der Schaffung neuer Arbeitsplätze nicht mehr hören kann. Warum wird dem so wenig widersprochen? Die Wirtschaft hat nicht die Aufgabe, Arbeitsplätze zu schaffen. Im Gegenteil! Die Aufgabe der Wirtschaft ist es, die Menschen von der Arbeit zu befreien.“

Götz Werner, Inhaber des Drogeriemarktes dm, am 2. Juli 2005 in der Stuttgarter Zeitung

Das Jeder-gegen-jeden wächst, weil Menschen gegeneinander um Arbeit und ihren Platz in der Arbeitswelt kämpfen. Sie kämpfen um ihre existenzielle Sicherung und um dem sozialen Abstieg entgegenzuwirken. Dieser Effekt entsteht nur, weil Arbeit und Einkommen miteinander verknüpft sind. Folgerichtig wird er vermieden, wenn beide Sachverhalte entkoppelt werden. Arbeit ist Arbeit und Einkommen gibt es auch unabhängig davon.

Eine einzige Maßnahme kann dem Klassenkampf auf allen Ebenen Einhalt gebieten: Das Grundeinkommen für alle, das je nach Denk- und Rechenansatz zwischen 650 und 1500 Euro pro Person betragen kann. Historisch gesehen geistert die Idee eines solchen Grundeinkommens schon durch mehrere Jahrhunderte. 1526 sprach Juan Luis Vives eine solche Grundversorgung nicht nur für die Armen an. Frances Bacon griff die Vorstellung 100 Jahre später in seinem „Neu-Atlantis" auf. Vor etwas mehr als 100 Jahren wiederum stellte Anthroposoph Rudolf Steiner fest, dass Einkommen und Arbeit voneinander getrennt sein müssten. Eine ziemlich moderne Idee, auf die die Protagonisten des Grundeinkommens gerne und zu Recht verweisen. Und ich stimme dem zu: Arbeit muss nicht zwangsläufig mit Geldverdienen zu tun haben. Arbeit kann auch nur Erfüllung sein.

Das Grundeinkommen entkoppelt die Arbeit von der Existenzsicherung und befreit von dem Zwang, Geld verdienen zu müssen. Es ermöglicht den Menschen, sich Arbeit auszusuchen, weil diese Freude macht, soziale Kontakte schafft und Lebensinhalt gibt. Dank des Grundeinkommens ist niemand mehr gezwungen, sich seine Arbeit nach dem Faktor Geld auszusuchen. Gleichwohl steht es jedem frei, das dennoch zu tun und sich in der freien Wirtschaft oder für staatliche Institutionen zu engagieren und dort ein Erwerbseinkommen zu verdienen. Das Grundeinkommen macht unabhängig.

Anders als traditionelle Erwerbsjobs existieren so viele Betätigungsfelder wie Menschen auf der Erde. Das Grundeinkommen kann dafür sorgen, dass das kulturelle Leben eine neue Blüte erlebt, weil sich mehr Menschen für Musik, Kunst oder Geschichte einsetzen können. Es erlaubt zudem jedem, interessengesteuert zu arbeiten, also das zu tun, was er oder sie liebt – Stichwort Traumjob. Das steigert die Qualität der Arbeit, denn wer Dinge mit Begeisterung tut, der entfaltet in dem, was er tut, auch seine ganze Kraft.

Menschen sind vielseitig genug, um die unterschiedlichsten Bereiche abzudecken. Meine Klientin Gabi etwa arbeitete als Buchhalterin, träumte aber schon seit ihrer Jugend davon, mit alten Menschen zu arbeiten. Dem Umstieg stand der Zwang zum Geldverdienen im Weg. Gabi könnte mit einem Grundeinkommen anders handeln und ihren Interessen folgen. Wer eine soziale Ader hat, könnte diese pochen lassen, ohne mit dem Blick aufs Konto einen Vernunftjob zu suchen. Das Grundeinkommen sorgt für mehr Erfüllung im Job und deshalb auch für mehr Leistung.

Dem kulturellen und sozialen Bereich stünden endlich ausreichend Arbeitskräfte zur Verfügung, die bereit sind, sich auch für weniger Geld zu engagieren, weil sie ja schon grundsätzlich versorgt sind. So könnten auch mehr Menschen zu ihrem Traumjob kommen. Gleichzeitig würde Lohndumping vermieden, weil niemand wirklich existenziell auf das Geld angewiesen ist – und damit gegenüber dem Arbeitgeber in der besseren Verhandlungsposition. Eine reichere Gesellschaft – auch das wäre eine Konsequenz des Grundeinkommens.

Das Grundeinkommen macht viele Gesetze und Arbeitnehmerschutzmechanismen überflüssig. Auf den Kündigungsschutz etwa lässt sich mit Grundeinkommen leicht verzichten, schließlich wird nach einer Kündigung jeder sanft aufgefangen. Darüber freut sich die Privatwirtschaft – wie auch über die Tatsache, dass sie nicht mehr die aus ihrer Sicht schwachen Glieder– also die schlechter ausgebildeten und älteren Mitarbeiter – herumschleppen muss. Deshalb kann sie Gehälter noch leistungsbezogener zahlen. Die Karrieristen und Opportunisten könnten von Sozialplänen und Betriebsräten frei geräumte Felder beackern und sich in den Konzernen nach Lust und Laune verausgaben und entfalten. Sie dürften zudem nebenbei von verbesserter Life-Work-Balance profitieren und idealen Arbeitsbedingungen. Denn: Wenn Geld verdienen kein Zwang ist, wären Unternehmen gezwungen, sich ehrlicher um Mitarbeiter zu bemühen. Wenn jeder Mitarbeiter im Kopf frei ist, zu jeder Zeit zu gehen, dann muss sich der Arbeitgeber viel mehr um sie bemühen.

Endlich müssen die Leistungsträger, die sich für eine Karriere in Unternehmen entscheiden, nicht mehr Jahrzehnte „durchpowern“. Sie würden noch mehr als jetzt nach Leistung bezahlt werden, da der Wettbewerb um gute Mitarbeiter angekurbelt würde, und könnten viel mehr verdienen. Mit einem anderen Bewusstsein würden sie diesen Verdienst nicht mehr als Monats- sondern teilweise als

Lebenseinkommen für Rücklagen sehen. Eine Auszeit – somit finanziell kein großes Problem mehr.

In wenigen Jahren könnten sie viel Geld verdienen, um dann länger zu pausieren oder sogar etwas ganz anderes zu machen. Weniger Stress, weniger stressbedingte Krankheiten, die laut diverser Studien etwa acht bis zehn Prozent der Gesundheitskosten insgesamt ausmachen: Das ist gut für die Gesundheit, und dürfte auch die Krankenkassen dauerhaft entlasten.

Unser Land bräuchte auch keine Gewerkschaften in der bisherigen Form mehr: Wo niemand ausgebeutet werden kann, muss auch keiner beschützt werden. Die Aufgabe der Arbeitnehmervertretungen, der Betriebsräte, wäre vor dem Hintergrund einer generellen Existenzsicherung eine andere: Statt sich darum zu sorgen, dass Arbeiter und einfache Angestellte zu mehr Geld kommen, könnten sie als Erfolgsrat neue Ideen entwickeln, um das Unternehmen fit für den globalen Wettbewerb zu machen. Bisher stellen Betriebsräte ein per Gesetz erzwungenes Gleichgewicht zu den Arbeitgebern her. In Zukunft wäre das Gleichgewicht von vornherein besser, weil die Arbeitgeber abhängig von Arbeitskräften sind, die durch ihre grundsätzliche finanzielle Freiheit jederzeit „Adé“ sagen können.

Mindestlöhne – passé. Staatliche Kümmer-Stellen wie die Agentur für Arbeit, die ARGEs, Wohngeld- und Kindergeldstellen auch. Denn selbstverständlich zieht ein Mindesteinkommen die Abschaffung sämtlicher Vergünstigungen nach sich. So ließen sich immense Kosten sparen. Und selbst die bei den Steuergelder verschlingenden Behördenmonstern angestellten Mitarbeiter bräuchten nicht mehr so viel Angst zu haben, in ein Existenzloch zu fallen. Sie könnten sich endlich sinnvolle Jobs auf dem sozialen Sektor suchen. Denn Beschäftigte der ARGEs und Arbeitsagenturen wissen sehr wohl, dass sie für etwas kämpfen, was sie nie erreichen können: Vollbeschäftigung.

Das Grundeinkommen schafft auch eine neue Wertekultur: Wenn Menschen arbeiten, um sich selbst zu verwirklichen, anderen zu helfen oder um mehr als das Minimum zu verdienen, können sie es sich endlich wieder leisten, „gut“ zu sein. Sie können unfaire Unternehmen in ihrer Eigenschaft als Kunden durch die Bevorzugung des werteorientierteren Wettbewerbers bestrafen und als Bewerber meiden. Unternehmen müssten ihren Mitarbeitern etwas bieten, das eine längere Haltbarkeitsdauer und viel höhere Faszination hat als Geld: Sinn, der sich auch in sozialem Engagement suchen, aber niemals im Nichtstun finden lässt. Die überschaubare Zahl von Phlegmatikern, die vor dem Hintergrund eines Grundeinkommens das Leben vorm Heimkino bevorzugt, sie ließe sich verkraften. Es wird immer Menschen geben, die nicht arbeiten wollen und auch nicht können, weil ihnen zeitweise oder dauerhaft die Disziplin fehlt, der Wille und manchmal schlicht die Intelligenz. Sie gehören dazu, sind Teil des Gemeinwesens. Doch es sind Minderheiten – und unsere gesellschaftliche Aufgabe liegt darin, durch eine bessere Bildungspolitik zu sorgen, dass es auch Minderheiten bleiben. Zugleich könnten andere Menschen sich – freiwillig – für diese Gruppe als „Integrationsberater" engagieren, um sie aus ihrem „sozialen Loch" zurück in die Gesellschaft zu holen.

Da über ein Grundeinkommen auch ihre Existenz gesichert ist, sind die chronischen Nichtstuer ruhiggestellt. Die Gefahr, dass soziale Brennpunkte in Brand geraten und die Ghettos nach französischem Vorbild aufbegehren, sinkt. Damit bekämen wir zugleich eines der größten Zukunftsprobleme in den Griff: Das Wachstum der bildungsfernen, sozial schlecht integrierten Schicht. Wer satt ist, wird nicht so schnell Revolutionär. Er wird auch weniger häufig radikal und rechtsextrem.

Unser Staat übernimmt bisher eine strenge Elternfunktion. Sozial Schwache werden an die Hand genommen, Arbeitslose per Ein-Euro-Job zum Malochen getrieben. Längst hat die Pädagogik erkannt, dass Zwang keine geeignete Erziehungsmaßnahme ist – der Staat zeigt sich davon unberührt. Sein Verhalten spiegelt eine völlig überholte Denke: Die des strafenden und Vorschriften machenden Oberlehrers, der zudem nur die Schwachen drangsaliert.

Kritiker des Grundeinkommens mögen nicht glauben, dass Menschen ganz ohne Zwang arbeiten. Ich bin sehr sicher, dass dies eine unberechtigte Sorge ist. Längst wissen wir, wie Motivation entsteht, dass Arbeit mehr ist als Broterwerb – sie erfüllt eine ganz wichtige soziale Funktion. Für viele ist sie Lebenssinn oder trägt zumindest zu einem erfüllten und sinnvollen Leben bei. Dass Arbeit gar ein Sinn des Lebens ist, haben Philosophen wie Aristoteles zwar bestritten. Damals wurde Arbeit anders definiert, gemeint war die körperliche Arbeit, die in gar nicht ferner Zukunft ohnehin überwiegend von Maschinen erledigt werden kann. Das Nachdenken über philosophische Fragen, die Kultur und auch gesellschaftliches Engagement galten in der Antike nicht als Arbeit – trotzdem entstand die griechische Hochkultur, auf unbezahlter Basis, aus der Sattheit heraus. (Selbstverständlich war die Kehrseite des damaligen Luxus, die Sklaverei, verabscheuungswürdig.) Überhaupt, gleich wohin wir in die Geschichte schauen: Es waren stets die „Satten", die die Möglichkeit hatten, zu philosophieren und denken, nie die hungrigen. Es ist die Sattheit, die die Wissensgesellschaft nährt.

Natürlich gibt es Licht und Schatten: Vielleicht wird es neben den Fernseh-Phlegmatikern noch einige andere geben, die keine Lust haben zu arbeiten. Spargelbauern werden es ohne Zweifel wieder schwerer haben, bekommen aber schon jetzt keine arbeitswilligen deutschen Arbeitskräfte. Und überhaupt, bald hat sich das Arbeitsfeld Spargelfeld ohnehin erledigt: Die Erfindung der Spargelstechmaschine ist greifbar nah, Bremer Forscher arbeiten seit 2006 daran.[54] Wenn schon Wissensgesellschaft, dann bitte konsequent. Andere Arbeitgeber müssten für die noch nicht automatisierbaren Jobs die Gehälter hochsetzen – hier könnte sich der Markt ganz einfach selbst regulieren.

Mit dem Grundeinkommen, das keine Sozialfälle mehr kennt, wird sich auch das Bewusstsein verändern. Jeder kann stolz auf seine Arbeit sein, unabhängig davon, wie viel er verdient. Niemand muss sich mehr für sein geringes Gehalt schämen. Da jeder Bezieher von staatlichen Leistungen ist, wird keiner mehr ausgegrenzt. Es gibt keine großen gesellschaftlichen Absturzgefahren mehr.

Eine Art Grundeinkommen für jeden (Bedürftigen) gibt es schon: Es ist Hartz IV oder ALG II – aber im Unterschied zu einem Grundeinkommen für jeden birgt es erhebliche gesellschaftliche Absturzgefahren. Jeder, der zu wenig verdient und keine Ersparnisse hat, kann dieses Geld beantragen. Laut einer Studie des Statistischen Bundesamtes beziehen schon jetzt 41 Prozent aller Bundesbürger staatliche Unterstützungsleistungen. Auch Selbstständige mit zu geringem Gewinn können so genanntes aufstockendes Arbeitslosengeld II bekommen. Dies alles ist allerdings an Auflagen und unwürdige Zwänge gebunden. Da dürfen beispielsweise Wohnungen eine bestimmte Größe und Miete nicht übersteigen. Er wird kontrolliert und gestraft wie in einem Erziehungsheim. Von der unantastbaren Würde des Menschen ist da oft nicht mehr viel übrig.

Zudem ist das ALG II an Arbeit gekoppelt. Es schafft damit keine Autonomie, sondern Sklaverei: Arbeitslosengeld-II-Empfänger müssen damit rechnen, jederzeit zu einem Job abkommandiert zu werden. Sie sind dann gezwungen, öffentliche Grünanlagen zu pflegen oder in sozialen Projekten zu arbeiten – was alles ohne den Ein-Euro-Stempel nicht schlimm wäre. Ich habe mehrfach glückliche Ein-Euro-Jobber gesehen, denen durch eine Ein-Euro-Tätigkeit ein Sinn zurückgegeben worden ist, den die lange Arbeitslosigkeit ihnen genommen hat. Wie der ehemalige Kranführer Friedrich, der nach sechs Jahren Arbeitslosigkeit in einem Berliner Projekt arbeitet und seitdem aufgeblüht ist. Für ihn gibt es keine reguläre Arbeit mehr – die Ein-Euro-Beschäftigung ist für ihn eine neue Perspektive, und zwar für mehr als nur eine Übergangszeit (was die Rahmenbedingungen derzeit gar nicht zulassen). Friedrich geht es nicht um Geld, es geht ihm um Anerkennung und das Gefühl etwas wert zu sein, den anderen Nutzen zu stiften. Wo alle Menschen dieses Gefühl erlangen können, wird auch die Wertschätzung füreinander steigen. Das kleine Beispiel zeigt: Der Wunsch zu arbeiten ist unabhängig vom Geld. Wir brauchen also gar kein Zwangssystem.

Umsetzungsmodelle: Radikales Grundeinkommen oder negative Einkommenssteuer

Aber wie soll das alles funktionieren? Wie soll der Staat das finanzieren? Die verschiedenen Modelle verlangen mehr oder weniger große Umbaumaßnahmen.

Eine recht einfache Möglichkeit bietet die steuerliche Gutschrift, die in Deutschland seit 2006 verstärkt auch die FDP in Form des Bürgergeldes in ihrem Wahlprogramm fordert. Das Bürgergeld beruht auf einer in den 1960er-Jahren von Milton Friedmann propagierten Idee – die der negativen Steuererklärung (Earned Income Tax Credit – EITC). Seit 1975 ist das EITC in den Vereinigten Staaten von Amerika realisiert.

Das FDP-Modell ist allerdings eine Art positive Weiterentwicklung von Hartz IV und vom Grundsatz eher ein Kombilohnmodell. Das Prinzip der negativen Steuererklärung besteht darin, dass niedrig entlohnte Arbeitnehmer unterhalb eines bestimmten Jahreseinkommens nicht nur von der Einkommensteuer befreit sind, sondern sogar eine Gutschrift in Form eines Zuschusses erhalten. Dieses Modell ist derzeit nicht am radikalsten, aber am realistischsten. Es müsste dadurch nicht das komplette Steuersystem auf den Kopf gestellt werden.

Das EITC hat in den Vereinigten Staaten 4,9 Millionen Menschen, darunter 2,7 Millionen Kinder, über die Armutsgrenze gehoben. Von ihm profitieren 15 Prozent aller Bürger, die Höhe des EITC variiert nach Einkommen und Kinderzahl. So war im Jahr 2003 ein Ehepaar mit zwei Kindern bis zu einem gemeinsamen Jahreseinkommen von maximal 34 692 Dollar berechtigt, eine Gutschrift in Anspruch zu nehmen.

Das EITC wäre ein einfaches, schnell und mit überschaubaren Kosten zu realisierendes Modell. Sein Nachteil: Es kommt nur Menschen zugute, die berufstätig sind. Menschen, die zeitweise nicht arbeiten, wären nach wie vor auf Arbeitslosengeld oder Sozialhilfe angewiesen. Um die Kostenapparate rund um Hartz IV – die sich 2006 vermutlich auf 26,5 Milliarden Euro belaufen – und die Arbeitsagentur abzuschaffen, müsste die negative Steuerklärung also ausgeweitet werden. Jeder Bürger, der wenig oder nichts verdient, könnte sich dann sein Geld beim Finanzamt abholen.

Letztendlich sind negative Steuererklärung und Bürgergeld also halbherzig. Ein richtiges Grundeinkommen propagiert dagegen das so genannte „Ulmer Modell“. Am Beispiel der Stadt Ulm hatten Wissenschaftler 2002 ausgerechnet, wie sich ein Grundeinkommen für jeden realisieren ließe. Demnach hätte – bezogen auf die Stadt Ulm – ein Bürgergeld von 1000 Euro plus Kindergeld von 250 Euro die Ausgaben gegenüber der Sozialhilfe um 85 Prozent verringert.

Dieses Modell ist mehrfach variiert und verfeinert worden, denn der Haken liegt im Rechenbeispiel: Ulm ist eine der reichsten Städte Deutschlands.

Ein Beispiel für die Erweiterung des Ulmer Modells ist das so genannte Transfergrenzenmodell des bedingungslosen Grundeinkommens (BGE): Ein Grundeinkommen von 600 EUR für jeden Erwachsenen plus 300 für Kinder wäre demnach mit einer lediglich auf 50 Prozent erhöhten Einkommenssteuer finanzierbar.

Populär ist auch das Modell des so genannten bedingungslosen Grundeinkommens (BGE), das dm-Inhaber Götz Werner propagiert. Gemeinsam mit dem Steuerexperten Hardorp hat dieser errechnet, dass eine Erhöhung der Mehrwertsteuer auf 50 Prozent ausreiche, um die Kosten für ein Grundeinkommen von 1500 Euro für jeden Bürger zu decken. Die Einkommenssteuer könnte dann komplett abgeschafft werden. In der Praxis bedeutet das, dass alle Güter sich theoretisch um rund 30 Prozent gegenüber dem heutigen Wert verteuerten. Da Unternehmen ihre Abgaben – Steuern und Sozialausgaben – nicht mehr in die Preise kalkulieren müssen, sinken diese allerdings. Andere rechnen mit einer pauschalen Einkommenssteuer von 34 Prozent: 34 Cent müsste pro verdientem Euro an den Staat abgeben werden, damit das Grundeinkommen finanziert werden könnte.

Selbst wenn man nur das heute gesetzlich festgelegte Existenzminimum – 7 664 Euro pro Jahr und Kopf – als Mindesteinkommen garantierte, machte das für 82 Millionen Bundesbürger die gewaltige Summe von 620 Milliarden Euro aus: rund 200 Milliarden mehr, als der Staat an Steuereinnahmen zusammenkratzt. Auf den ersten Blick scheint das vollkommen unfinanzierbar. Doch die gesamten Sozialausgaben der Bundesrepublik betragen bereits heute jährlich mehr als 720 Milliarden Euro. Zieht man davon die Aufwendungen für die Krankenversicherung ab, verbleiben 580 Milliarden Euro für Leistungen, die ein Grundeinkommen langfristig ersetzen könnte (...).[55]

Sicher ist noch vieles unausgegoren. Ich möchte mich hier auf keine Seite stellen, das Rechnen überlasse ich Finanzexperten. Die verschiedenen Denkmodelle zeigen mir jedoch, dass vieles machbar wäre. Dies erfordert allerdings Mut: Den Mut, gegen Lobbys vorzugehen etwa, denn ohne jede Frage wollen Arbeitsagenturen und Kindergeldstellen sich nicht abschaffen lassen.

Allerdings könnte die Politik in diesem Fall einen wichtigen Verbündeten haben: die Wirtschaft. Denn was völlig antikapitalistisch klingt, ist in Wahrheit Kapitalismus und Marktwirtschaft pur. Das Grundeinkommen befreit alle Parteien von Zwängen und sorgt dafür, dass sich die Kräfte selbst regulieren.

Lebensabschnittsjob: Wie neue Vereinbarungen zwischen Mitarbeitern und Unternehmern den Jeder-gegen-jeden-Faktor senken

Nicht nur eine neue Lebens- und Arbeitsgrundlage für die Gesellschaft, auch eine neue Basis für die Zusammenarbeit zwischen Unternehmen und Arbeitnehmern ist nötig. So können mehr gute Unternehmen gedeihen und die schlechten verdrängen – oder diese durch die Gesetze des Wettbewerbs dazu zwingen, ebenfalls „gut" zu werden. So wird das Hauen und Stechen reduziert, der Klassenkampf eingedämmt.

Dazu möchte ich noch einmal kurz zurück auf die „guten" Unternehmen blicken. Das Faszinierende an diesen „guten" Unternehmen offenbart sich in einem Phänomen: Mitarbeiter können ihre Werte und Regeln gar nicht benennen, sondern diese nur beschreiben. Sie denken gar nicht darüber nach und darauf angesprochen, kommen ihnen „nur" Beispiele in den Sinn. „Bei uns ist das so, dass wirklich alle Mitarbeiter die Möglichkeit haben, die Abteilungen und Positionen zu wechseln. Wer sich verändern will, der wird unterstützt." Oder: „Ich weiß nicht, ob da ein Wert dahinter steckt, aber bei uns werden alle gleich behandelt. So können alle Persönlichkeitsseminare besuchen, wenn sie das wollen. Die Filialmitarbeiter genauso wie das Management." Der wahre Wert zeigt sich im Handeln, nicht in der Theorie. Deshalb brauchen gute Unternehmen keine Hochglanzbroschüren und keine Kommunikationsabteilung, die Werte schriftlich festlegt oder Ethik-Guidelines ausarbeitet.

Das ist bei normalen Firmen anders. In einem norddeutschen Unternehmen hängen Werte-Bekenntnisse plakativ in der Empfangshalle – allein die Positionierung macht deutlich: Diese Werte sind in Wahrheit für den Kunden gemacht. Doch wie wenig ein

Button mit dem Aufdruck „Unsere Leute machen den Unterschied“ bewirkt, zeigt das Beispiel der Firma Wal-Mart. Die Verkäufer zeigten überhaupt keinen Unterschied, denn sie waren nicht freundlicher als andere. Ich würde, auf Hamburg bezogen, sogar behaupten: im Gegenteil. Ähnliches passiert bei einem großen Schuhhaus. Dessen Mitarbeiter bekommen die Losung „Freude zeigen“ in Form eines Leitfadens geradezu eingehämmert. Das nutzt aber nichts, wenn zugleich Mitarbeiter per E-Mail in unfreundlichem Ton mit Maßnahmen gedroht wird, wenn sie nicht sofort ihren Umsatz bei den Pflegeprodukten steigern. Es reicht eben nicht, einem Menschen ein T-Shirt mit einem Smiley anzuziehen – er muss von innen lächeln.

Um werteorientierte Unternehmen von nicht-werteorientierten zu unterscheiden, sind Studien hilfreich, aber nicht nötig. Oft reicht der Blick in den Laden oder ein Tag in der Zentrale, genügen Beobachtungen und ein paar Gespräche in der Mittagspause, um den Jeder-gegen-jeden-Faktor abzuschätzen. Schon in guten Zeiten. Der damit einhergehende Grad der Werteorientierung lässt sich an den ungeschriebenen Regeln erahnen, dem geheimen Unternehmenskodex. Dieser beherbergt den Schlüssel zum Verständnis der Unternehmenspsychologie.

Nirgendwo nachlesbare Regeln etablieren und verfestigen sich im Laufe der Zeit durch Vorleben und Verhalten: Da entstehen Regeln über die Macht bestimmter Abteilungen oder Personen („Halt dich gut mit dem, dann kommst du weiter“). Regeln, die den Status betreffen („Für Bereichsleiter ist ein Boss-Anzug absolutes Muss“). Oder Regeln, die die Art und Weise des Umgangs betreffen („Du musst dich mit bestimmten Leuten gut stellen, um weiterzukommen“). Da steht jede Menge Text zwischen nie fixierten Zeilen. Dieser Kodex wird unbewusst interpretiert und infolge seiner Komplexität laufend missverstanden.

Ich erinnere mich noch gut an meinen ersten Arbeitstag in einem Konzern. Mein Chef führte mich herum und sagte mir, mit welchen Menschen ich mich gut stellen sollte. Er unterschied wichtig und weniger wichtig, einflussreich und machtlos. Er verriet mir, warum bestimmte Leute abseits im Gebäude platziert seien, und dass man diese Menschen besser nicht wichtig nähme, auch wenn sie formal Abteilungsleiter seien. Er führte mich in den Kodex dieser Firma ein, weil er wusste, dass ich ihn beherrschen musste, um erfolgreich zu sein. Er erklärte mir Machtgefüge und Zusammenhänge, die kein Organigramm vermuten ließ. Er führte mich als einen neuen Spieler in ein Spiel ohne geschriebene Regeln ein. Diese Offenheit meines Chefs ist eine absolute Ausnahme, sie erleben nur – aus welchen Gründen auch immer – protegierte Mitarbeiter. Die meisten Mitarbeiter erhalten so eine Anleitung nicht, sie lernen die Formeln für Erfolg bestenfalls durch Erfahrung. Interpretieren sie sie nicht richtig – was bei implizierten, unscharfen, mitunter sich verändernden Regeln sehr viel wahrscheinlicher ist als bei klaren, ausgesprochenen –, machen sie Fehler: Sie absolvieren nicht die gewünschte Karriere oder werden sogar entlassen. In Abbausituationen sind gerade sie es, deren Köpfe rollen, denn sie werden nicht als Schlüsselpersonen identifiziert. Die Key Figures sind vielmehr die, die bei Befragungen von mehreren Personen als wichtig genannt werden; nicht immer sind das leitende Manager.

Der geheime Kodex und der psychologische Vertrag

Die Akzeptanz der ungeschriebenen Regeln geht einher mit dem, was die Organisationspsychologie den „psychologischen Vertrag" nennt. Dieser beinhaltet weitere ungeschriebene Regeln, die sehr viel wichtiger als der Arbeitsvertrag sind (wer von uns weiß schon, was dort steht?) und die ungeschriebenen Verhaltens- und Machtregeln in eine Form gießt. Chris Argyris formte den Begriff des „psychologischen Vertrages" bereits 1960 als eine Abmachung zwischen Mitarbeiter und Unternehmen aus, die ausdrückt, was jede Partei in dieser Beziehung bereit ist, der anderen zu geben und was sie von der anderen erwartet.

Der psychologische Vertrag regelt das Verhältnis zwischen Unternehmen und Mitarbeitern. Er ist deshalb Teil des geheimen Unternehmenskodex, sozusagen der erste Absatz, der alles weitere überschreibt. Er besagte bisher in den meisten Unternehmen: „Wenn du, Mitarbeiter, dich an die Regeln hältst und dich für dieses Unternehmen engagierst, dann schenken wir – das Unternehmen – dir als Gegenleistung einen zukunftssicheren Job." Es unterstreicht die Art dieses psychologischen Vertrags, wenn der Betriebsrat – wie heute bei der Einstellung immer noch üblich – Tarifmitarbeiter per Handschlag begrüßt, nicht selten begleitet von Sätzen wie diesem: „Bei uns arbeiten Mitarbeiter oft bis zur Rente. Ich hoffe, dass Sie bei uns alt werden können!"

Auch der psychologische Vertrag ist implizit, also nicht ausgesprochen – oder bestenfalls in kurzen beiläufigen Sätzen, Versprechen auf Weihnachtsfeiern oder beim Einstellungsgespräch. Aber auch ohne ausgesprochene Sätze verschaffte er bei der älteren Generation den Eindruck, den diese auch noch an manchen Nachkommen weitergegeben hat: Ein Unternehmen ist eine Versorgungsanstalt, in die man mit Arbeit einzahlt, um am Ende Sicherheit herauszubekommen. In meiner Beratungspraxis merke ich immer wieder, dass eine Unternehmens- und hier vor allem die Konzernkarriere auch von sehr jungen Leuten immer noch mit Sicherheit gleichgesetzt wird. Das überrascht mich, denn die Wahrheit ist, dass es die Sicherheit von früher nicht mehr gibt. Die Wahrheit ist, dass jeder sich seine eigene Sicherheit schafft, in dem er sich marktfähig macht und hält. Die Mitarbeiter glauben, dass sie den Schlüssel zu dieser Sicherheit besitzen, wenn sie es einmal zu Beiersdorf, Siemens oder Airbus geschafft haben. Welche Konsequenz die Ahnung oder Erfahrung hat, dass die vermutete Sicherheit eine Illusion war, haben die ersten Kapitel dieses Buches aufgezeigt: Der Jeder-gegen-jeden-Faktor steigt. Demnach streben gerade die Mitarbeiter mit überdurchschnittlich hohem Engagement immer noch nach dem Vertrag auf Gegenseitigkeit alten Typs. Dagegen haben negative Erfahrungen wie häufiger Arbeitsplatzverlust einen schlechten Einfluss auf das Engagement.[56]

Nun wäre es an den Unternehmen, diesen psychologischen Vertrag neu zu definieren. Dies wagt aber keiner, denn niemand traut sich auszusprechen, was wahr ist: Es gibt keine Garantien mehr, Arbeitsverhältnisse sind nichts anderes als vorübergehende

Bindungen. Schneller noch als ein Lebensabschnittspartner dem nächsten weicht, wechseln die Lebensabschnittsjobs. Dies sorgt für eine immer größer werdende Wahrscheinlichkeit, dass es auch längere Anstellungspausen geben wird. Schon jetzt haben zahlreiche Menschen jahrelang keinen Job, durchaus auch junge oder mittelalte Menschen, deren Chancen erst bei anziehendem Arbeitsmarkt oder dank einer zufälligen Gelegenheit wieder steigen. So wie bei Arndt, Diplom-Kaufmann und Art Director, 40 Jahre alt: Seit 2002 ist er ohne Anstellung, wohnt im Haus seiner Eltern und zehrt von der Abfindung. Sehr viele Arndts sind mir im Laufe der Jahre begegnet. Sie sind gebrandmarkt, denn je länger der Ausstieg, desto unwahrscheinlicher wird eine Anstellung. Aber: Sie sind Nebenprodukte des zunehmenden „Survival of the fittest“. Wenn wir den Darwinismus akzeptieren, müssen wir auch diese Lebensabschnittsjobs mit jahrelangen Pausen tolerieren. Denn auch die „Fittesten“ werden Phasen in ihrem Berufsleben haben, die von erzwungenen und gewünschten Auszeiten gekennzeichnet sind. Ein Grundeinkommen würde es möglich machen, solche natürlichen „Kurven“ produktiv auszuleben, anstatt sie wie bisher im Unternehmen durch Phasen des Nichtstuns (aufgrund eines zu niedrigen Arbeitsaufkommens) oder geringer Leistung (aufgrund des natürlichen Leistungsrhytmus innerhalb eines Berufslebens) zu überbrücken.

Doch noch ist die Gesellschaft weit davon entfernt, altes Denken aufzugeben. So lügen die Manager uns weiterhin vor, sie seien um sichere Arbeitsplätze bemüht, selbst wenn manche wissen und andere es auch geschickt vor sich selbst verdrängen, dass sich Abbauphasen mit fortschreitender Globalisierung und Geschäftsprozessoptimierungen immer wieder wiederholen werden. Spätestens der Betriebsrat sorgt dafür, dass den Mitarbeitern weiter Sicherheit vorgegaukelt werden muss. Da gibt es dann „Arbeitsplatzgarantien bis 2010“ und ähnlich erzwungene Versprechen, die nur einen Aufschub bedeuten. Parallel zu solchen Garantien werden Personalabteilungen beauftragt, Lösungen zu suchen, wie sie trotz dieses Versprechens den hohen Personalstand weiter reduzieren können.

Unehrlichkeit auf allen Ebenen. Eine Sicherheitsgarantie hilft weder Unternehmen noch Mitarbeitern weiter, denn sie gaukelt nur falsche Tatsachen vor. Und selbst wenn sie eingehalten wird, ist dies nicht von Vorteil für die Beteiligten. So gibt es Unternehmen wie etwa den Axel Springer Verlag, die aus Prinzip bisher keine betriebsbedingten Kündigungen ausgesprochen haben. Dennoch werden durch Umstrukturierungen und Neuausrichtungen Mitarbeiter überflüssig, die dann künstlich mit „Arbeitsbeschaffungsmaßnahmen" in den Unternehmen gehalten und durchgefüttert werden. Ich habe einige solcher „durchgefütterter" Mitarbeiter beraten, die in dieser Situation unglücklich waren und zeitweise die Idee hatten, noch einmal neu anzufangen. Vom Blick auf den Arbeitsmarkt waren sie aber regelmäßig so abgeschreckt, dass sie sich dann doch wieder in den sichereren Hafen zurückgezogen haben. Diese Mitarbeiter haben zwar einen Job, verlieren aber ihr Selbstwertgefühl und werden nicht selten sogar richtig krank. Das künstliche Aufrechterhalten von Beschäftigungen ist wie die Ehe, die weiter geführt wird, selbst wenn sie keine wirkliche Basis mehr hat: Niemandem ist damit wirklich gedient! Dem Mitarbeiter wird die Chance auf einen Neuanfang gewehrt, er wird in einem emotionalen Zustand gehalten, der weder Freude mit der Arbeit und Identifikation mit dem Unternehmen noch Selbstwertgefühl aufleben lässt. Und das Unternehmen hat einen Mitarbeiter, der nicht die Leistung bringt, die er anderswo bringen könnte. Verpuffte Energie.

Die Unternehmen, die aus Prinzip und weil sie es sich bisher noch leisten können, nicht entlassen, sind in der Minderzahl. In den meisten Firmen hat die Unternehmensseite den bisherigen psychologischen Vertrag immer wieder gebrochen. Der Mitarbeiter hat dafür, dass er sich engagiert, Gutes und oft sein Bestes tut, den Schutz seiner Position erwartet – das Unternehmen hat es ja versprochen. Diesen Schutz hat er aber nicht erhalten. Dies merkt er dann, wenn die Medien über Entlassungen berichten und auch der Freundeskreis, spätestens aber bei der ersten eigenen realen oder drohenden Entlassung. Damit ist der Zusammenarbeit die Basis entzogen worden, also darf der Mitarbeiter nun auch selbst ungeschriebene Vereinbarungen brechen – in seinem alten Unternehmen oder im nächsten Betrieb. „Der psychologische Vertrag ist ein wichtiger Bestimmungsfaktor des individuellen Arbeitsverhaltens in einem Unternehmen. Nach Jahren als selbstverständlich angesehener Stabilität bricht ein überraschender Personalabbau diese unausgesprochene Übereinkunft und stellt damit die Arbeitsbeziehung auf eine völlig neue Grundlage.“[57]

Beschäftigung auf Zeit bringt allen Freiheit

Und diese völlig neue Grundlage ist noch nicht definiert, nicht einmal ausgesprochen. Immer noch fordern ausnahmslos alle Parteien den Abbau der Arbeitslosigkeit anstatt gesellschaftliche Konzepte zu unterstützen, die die Lebensabschnittsjobs als Lösung und alternative Beschäftigungsmöglichkeiten als gleichwertig zur Karriere in Wirtschaftsunternehmen ermöglichen.

Viele dieser Konzepte gibt es schon, sie müssen nur ausgebaut und auf eine neue Grundlage gestellt werden. Das im letzten Kapitel bereits angesprochene kulturelle oder soziale Engagement ist das eine. Niemand wird ernsthaft bezweifeln, dass es in diesem Bereich zu wenig Arbeit gibt – im Gegenteil, es werden immer Helfer gebraucht. Derzeit verdingen diese sich in schlecht angesehenen Ein-Euro-Jobs, die sie sofort als Hartz-IV-Empfänger brandmarken. In Zukunft wären es einfach nur noch Jobs: Wer bereit ist, für das gebotene Geld diese oder jene Tätigkeit auszuüben, der macht es eben. Findet sich niemand, muss die Aufgabe attraktiver oder die Bezahlung besser werden. So reguliert sich der Markt selbst, Vater Staat wird überflüssig.

Ein anderes Konzept liegt im Freelancertum – eine ideale Lösung gerade auch für die Konzerne. Auch das Freelancertum gibt es schon in Ansätzen, vor allem im IT-Bereich, wo es zahlreiche so genannte „Contractors“, also zeitvertragsbezogene Mitarbeiter gibt. „Im deutschen IT-Projektmarkt ist die Globalisierung schon länger auf dem Vormarsch als bei anderen freien Berufen. So sind internationale Projektteams ebenso selbstverständlich wie die hohe Bereitschaft deutscher IT-Freiberufler für Projekteinsätze im Ausland.“[58]

Freelancer sind halb Angestellte, halb Unternehmer, die auf Projektbasis in Firmen arbeiten, manchmal drei oder sechs, bisweilen 18 Monate. Sie arbeiten in dieser Zeit wie Angestellte, nur ohne festen Angestelltenvertrag, erhalten dafür gutes Geld und bekommen jede einzelne Stunde bezahlt. Doch noch beschneidet das Arbeitsrecht mit seinen veralteten Positionen zum Thema Scheinselbstständigkeit die Möglichkeiten der Freelancer und grenzt eine Ausweitung dieses Beschäftigungsmodells ein.

Gerade das Freelancertum kommt beiden Parteien im „Jeder-gegen-jeden"-Spiel entgegen: den bindungsloseren hochqualifizierten Mitarbeitern und den Unternehmen, die im Zuge der Globalisierung kaum noch auf längere Sicht planen können, weil die Technik dauernd fortschreitet und der Aktienmarkt ebenso wie die im globalen Wettbewerb ständig erforderliche Prozessoptimierung immer wieder für neue Strukturen sorgen wird. Die Freelancer bilden die Variablen im Unternehmensspiel, die Konzerne so dringend brauchen. Nach der Generation X – geprägt durch so genannte McJobs[59] und Selbstverwirklichung – und der Generation Golf – geprägt durch Status – käme hier die Generation F wie Freelancer zum Zuge, geprägt von der Freiheit, den Job, die Aufgabe, den Arbeitgeber und die Arbeitsform zu wechseln. Um einen finanziellen Puffer zu haben, könnten Firmen ihnen Abfindungen im Voraus zahlen, so genanntes Karenzgeld nach Abschluss des Projekts. Dieses erleichterte die Übergangsphase bei der Suche nach einem neuen Auftrag. Und irgendwann – ich hoffe in naher Zukunft – ist diese Suche vielleicht sehr viel entspannter, weil ein Grundeinkommen die Basis für Freiheit im Kopf und im Handeln verstärkt.

Der psychologische Kontrakt würde dann also auf einer projektweisen Zusammenarbeit beruhen. „Wir arbeiten zusammen bis dieses oder jenes Projekt realisiert ist. In dieser Zeit zahlen wir dir – Vertragspartner – gutes Geld. Zur Überbrückung für die Zeit nach dem Projekt erhältst du zusätzlich 30 Prozent der im Zeitraum der Zusammenarbeit gezahlten Summe." Durch einen solchen Zusatz – auch hier zeigt der IT-Sektor, dass solche Vereinbarungen bereits jetzt möglich ist – würde auch das „Fehlen" einer Absicherung gegen Arbeitslosigkeit nicht mehr als Makel empfunden werden. Der Staat müsste nicht mehr nach Scheinselbstständigen oder angestelltenähnlichen Verhältnissen fahnden, in die sich der Pseudo-Unternehmer einklagen kann (um dann doch noch Arbeitslosengeld zu bekommen), oder den Arbeitgeber im Nachhinein zur Zahlung der Sozialversicherungsbeiträge verpflichten. Die Generation F trüge die Kosten selbst. Und sie würde keinen staatlichen Aufpasser wollen und brauchen.

Solche Verträge sind auch in sehr vielen anderen Bereichen vorstellbar: Überall dort, wo es um die Realisierung fachspezifischer Aufgaben und Anforderungen, um die Durchführung bestimmter, abgegrenzter Vorhaben im globalen Wettbewerb geht. Dass diese Art von Tätigkeiten zunehmen und die Standardjobs weiter verdrängen wird, spricht umso mehr für eine solche Lösung. Gut qualifizierte Mitarbeiter müssen sich dabei keine Sorgen machen, nach einem Projekt wieder Arbeit zu finden. Sie können sich durch das im Rahmen des Zeitvertrags ausgezahlte „Überbrückungsgeld" längere Pausen leisten. Auch ihr Alter wird eine geringere Rolle spielen: Wenn sich ein Unternehmen nur zeitweise Mitarbeiter ins Haus holt, so entfällt das Krankheitsrisiko. Auch die Befürchtung, ein Mitarbeiter könne sich eine zu lange Zeit im Unternehmen festsetzen, wird damit ad acta gelegt. Die Freelancer könnten ihren Job machen. Und eine Qualitätssicherung wäre allein dadurch eingebaut, dass Contractors Referenzen und Empfehlungen brauchen, um Anschlussprojekte zu akquirieren. Diese stete Qualitätskontrolle begünstigt gute Arbeit.

Gleichzeitig könnte die derzeit extrem hohe Belastung einer bestimmten Arbeitnehmerschicht gesenkt werden, die sich in der Formel ½ * 2 * 3 niederschlägt: die Hälfte aller Arbeitnehmer verdient zwei Mal so viel Geld wie der Durchschnitt und erledigt drei Mal so viele Aufgaben. Dass dieses Pensum nicht auf Dauer tragbar ist, liegt auf der Hand. Kein Leistungssportler bleibt sein Leben lang auf dem gleichen Niveau, sind auch die Hochleistungsphasen von Arbeitnehmern begrenzt. Warum sollte es nicht möglich sein, zeitweise sehr viel Geld zu verdienen, um danach in einem „ruhigeren" Job weniger oder eben in längeren Pausen einmal nichts? Warum muss sich Karriere im Sinne einer vertikalen Laufbahn immer auf das ganze Erwerbsleben beziehen? Wir sind in feste Denkschemata gepresst, die uns hindern, andere Richtungen und Möglichkeiten als gut und wertvoll zu erkennen. Dabei bedeutet Veränderung einfach nur eines: Wir müssen Vorstellungen, von dem was richtig und wertvoll ist und Vorstellungen, die andere einem spiegeln, in Frage stellen.

Projektarbeit verhindert Inseldenken

„Gute“ Unternehmen arbeiten auch jetzt schon häufig sehr stark projektorientiert. Dies hat den Grund, dass eine abteilungsübergreifende Zusammenarbeit für ein gemeinsames Ziel die üblichen Schubladen überwinden kann. Belohnt wird in Projekten nicht derjenige, der möglichst viel Macht und Budget scheffelt, sondern das Team, das ein Projekt erfolgreich beendet. Diese Erfolge sind – anders als viele abteilungsinterne Erfolge! – sicht- und messbar. Zudem gibt es eine natürliche gegenseitige Kontrolle. Durch die flache Hierarchie wird das Miteinander-Reden angeregt, die Argumentation gefördert – der Versuch, von oben anzuordnen, wird in Projekten nicht funktionieren. Projektarbeit ist somit auch eine Möglichkeit, mit festangestellten – oder teils festangestellten, teils freien – Mitarbeitern anders zu arbeiten als bisher gewohnt. Durch immer neue Zusammenstellungen entsteht jener frische Wind, der das Erstarren und den Aufbau von Machtinseln vermeidet. Gleichzeitig kommt die Größe der Teams dem menschlichen Herdentrieb entgegen. Die Zeitbegrenzung von Projekten wiederum verhindert, dass Rollen sich verfestigen können. Untersuchungen haben gezeigt, dass besonders erfolgreiche Projektteams nicht länger als zwei Jahre zusammenarbeiten. Die Karten werden immer wieder neu gemischt – auch davon profitieren beide Seiten: Die Arbeitgeber, die ihre Mitarbeiter – ob frei oder fest – so besser kompetenzorientiert einsetzen können und das Entstehen eingefahrener Insel-Strukturen verhindern. Und die Arbeitnehmer, die sich ausprobieren können, Abwechslung bekommen und ein Umfeld, das eine zeitweise Identifikation im kleinen Rahmen ermöglicht.

So arbeiten „Variable" und „Konstante" zusammen

Aus diesem Grund kann die Beteiligung an Projekten auch für Menschen, die Standardtätigkeiten ausüben – die sich nach wie vor besser im Angestelltenstatus ausüben lassen –, vorteilhaft sein. Sie erhalten damit neue Einblicke, lernen auch andere Mitarbeiter und Arbeitsweisen kennen. In der Zusammenarbeit mit den Variablen im Team (den Freelancern) sind sie die Konstanten, die das tiefere Unternehmenswissen haben und die Historie der Firma in sich tragen. Es sind die, die die Variablen – also die Freelancer – fragen, wenn sie erfahren müssen, wie Abläufe bisher funktionieren und wer für was zuständig ist.

Wenn diese Mitarbeiter die Konstanten sind, dann ist es ideal sie nur Standardaufgaben erledigen oder den direkten Kundenkontakt pflegen zu lassen. Eine zeitlich längerfristige Bindung an das Unternehmen ist auch aus Firmensicht wichtig: Ein Jobhopping der „Konstanten" erzeugt hohe Wechselkosten für das Unternehmen – eine neue Einarbeitungszeit, wiederum Einweisung in Interna, das erneute Beschnuppern im Team und Finden der Rolle im neuen Umfeld ...

Auch die Kundenseite braucht Konstanten, sofern Kunden einen festen Stamm bilden. Schließlich kostet es Unternehmen erwiesenermaßen ganz konkret Kunden, wenn der Ansprechpartner im Vertrieb oder Verkauf allzu oft wechselt. Ja, in manchen Bereichen ist die Bindung an den Kundenberater, Key Account Manager oder Außendienstmitarbeiter so groß, dass der Kunde mit dessen Fortgang selbst das Produkt bzw. Unternehmen tauschen würde. Ein weiterer Typ von Konstante sind Manager. Während das Top-Management weiterhin „hoppen" darf und dies aufgrund seiner geringen Bindung an Mitarbeiter auch kann, muss es eine Führungsschicht geben, die länger bleibt, weil sie die Beziehungen aufrechterhalten und koordinieren.

Dabei muss der psychologische Vertrag auch bei den Konstanten nicht auf Sicherheit zielen, sondern lediglich die Win-Win-Situation in einer neuen, zeitgemäßeren Form beschreiben: „Du engagierst dich für unser Unternehmen, dafür erhältst du ein Gehalt und die

Zusicherung unsererseits, dass dir im Falle eines Überflüssigwerdens deines Arbeitsplatzes – was wir nicht voraussehen können – die Summe XY ausgezahlt werden wird." Gäbe es bereits ein Grundeinkommen, würde die Sorge um den Arbeitsplatz ohnehin sehr viel geringer sein. Der Bezug von staatlichen Leistungen wäre nicht mehr Makel einer bestimmten Schicht, sondern Recht von jedem. Arbeitslosenversicherungen wären auch durch die Kombination mit garantierten Abfindungen überflüssig, was en passant auch die Lohnnebenkosten senken würde.

Gleichzeitig stiege der Wettbewerb um die Mitarbeiter – um die Konstanten wie um die Variablen – was zwangsläufig zu einer besseren Kultur im Unternehmen führen muss: Aufgeklärte Mitarbeiter lassen sich nicht ausschließlich durch Geld gewinnen. Freude an der Arbeit wird immer noch als wichtigstes Kriterium überhaupt genannt.[60] Geld ist dagegen stets nur ein kurzfristiger Anreiz. Ein solches Umdenken bereitet die Basis für mehr Fairness im Unternehmen, schafft den Boden, auf dem Werte gedeihen können. Dafür muss auf diesem Boden jetzt noch der Samen ausgesät werden.

Es müssen Spielregeln her

Kein Fußballspiel kann auf der Basis von unklaren Regeln stattfinden. Im Fußball gibt es klare, geschriebene Regeln und einen unabhängigen Schiedsrichter, der Foulspieler zurechtweist. Das Verhalten untereinander ist transparent geregelt und die Rollen sind klar verteilt. Die Lösung liegt also sehr nahe: Wenn Unternehmen Fairness einführen wollen, müssen sie auch die geheimen Regelwerke abschaffen, die um den psychologischen Vertrag kreisen und durch klare Vereinbarungen ersetzen. Auch hier sind Handlungen und keine Hochglanzbroschüren gefragt, klare Bekenntnisse von oben, denen ebenso unmissverständliche Taten folgen. Wenn der erste Bereichsleiter es auch ohne goldene Uhr auf seinen Posten geschafft hat oder Mitarbeiter entsprechend ihrer Führungsqualitäten und nicht kraft ihres Einflusses befördert werden, so ist dies ein erster Schritt genau in diese Richtung. Wer sich bisher auf den geheimen Kodex verlassen hat oder sogar dafür gesorgt hat, diesen festzuschreiben – weil er davon profitiert hat – muss merken, dass dieser nicht mehr gilt. Dies wird eine Zeitlang für Aufruhr sorgen, nicht anders als in der Politik: Immer wenn etwas Neues durchgesetzt werden soll, regen sich die alten Lobbys, denen durch die Veränderung ein Gewohnheitsrecht oder ein Vorteil weggenommen wird. Es ist eine Frage, wie mutig und entschlossen gegen diese Lobby vorgegangen wird – hier bot die Politik in den letzten Jahren ein sehr schlechtes Vorbild.

Eine Zeitlang werden also zwangläufig verschiedene Vertragsmodelle und alte und neue Schichten auf- und gegeneinander stoßen. Dies soll – wie Mitarbeiter berichten – derzeit etwa bei KarstadtQuelle der Fall sein. Gegen die neuen klaren Spielregeln, zu denen auch gehört, Mitarbeiter nach Fähigkeit und unabhängig vom Alter zu befördern, blocken die alt eingesessenen Kollegen. Das Jeder-gegen-jeden ist in so einer Situation sicher vorübergehend stärker spürbar. Sobald aber die alten Kräfte merken, dass die neuen Kräfte konsequent sind, werden sie kapitulieren. Denn, wie wiederum der Blick in die guten Unternehmen zeigt: Regeln müssen für alle gelten. Dabei brauchen sie nicht einmal niedergeschrieben zu sein: einfach nur ausgesprochen und gelebt.

Jürgen Klinsmann hat im Sommer 2006 vorgemacht, wie man aus einer eher mittelmäßigen Mannschaft ein eingeschworenes Team mit ausgeprägten Wir-Gefühl und geringem Jeder-gegen-jeden-Potenzial machen kann. Ein Team, das sich die Bälle gegenseitig zuspielt und nicht nur auf den eigenen, sondern den Erfolg der Mannschaft setzt. Hier wird klar, wie stark der Teamcharakter von der Führung abhängt – und dass gerade Projektarbeit („Wir werden Weltmeister", das ist unser Ziel) auch ohne Hauen und Stechen funktionieren kann.

„Werte werden nicht gemacht, sondern gelebt"

Interview mit Jens Hollmann, Change-Management-Berater und Trainer. Hollmann ist seit vielen Jahren in Veränderungsprozesse bei Konzernen und mittelständischen Unternehmen in Deutschland und der Schweiz involviert.

Es ist einfach, in guten Zeiten fair zu sein. Doch erst in der Krise zeigen sich die wahren Werte. Woran liegt das?
Hollmann: Dahinter stecken ungeschriebene psychologische Verträge. Diese führen zu so genanntem Commitment, einem stillen Einverständnis, was wiederum den Grad der Identifikation mit dem Unternehmen bestimmt. Unternehmen brechen diese psychologischen Verträge seit einigen Jahren einseitig. Deshalb gibt es überall offene Konflikte und mehr Kampf untereinander.

Was beinhaltet ein psychologischer Vertrag?
Ein typischer psychologischer Vertrag lautete in der Vergangenheit etwa so: „Ich tue ganz viel für das Unternehmen, dafür werde ich belohnt, unter anderem durch einen sicheren Arbeitsplatz." Heute hat nur der Mitarbeiter seinen Teil zu erfüllen. Das führt zu einer maßlosen Enttäuschung und Kränkung, wenn der Vertragsbruch offensichtlich wird. In so einer Situation kippt die Stimmung, das Verhalten wird rücksichtsloser. Bei großen Konzernen ist dies durch häufige Umstrukturierung bedingt nicht selten ein Dauerzustand.

Was müssen Unternehmen und Mitarbeiter also tun?
Hollmann: Beide müssen ihren psychologischen Vertrag neu definieren. Es gibt heute keine Stammplatzgarantie mehr, Arbeitsverhältnisse sind zeit- oder projektbegrenzt. Das muss ganz deutlich ausgesprochen werden. Der psychologische Vertrag darf Mitarbeiter nicht mehr in künstlicher Glückseligkeit halten.

Ist das nicht grausam – offen zu sagen, dass es nur noch Arbeitsverhältnisse auf Zeit gibt?
Es ist doch wesentlich grausamer, am Ende enttäuscht zu werden. Wenn jeder weiß, worauf er sich einlässt, ist das einfach nur fair.
Apropos Fairness. Gerade dieser Wert ist in Unternehmen offensichtlich häufig nicht mehr zu finden.

Das wissen die Unternehmen – gerade die Konzerne arbeiten an Konzepten, Fairness und andere Werte im Unternehmen einzuführen. Was halten sie davon?
Davon halte ich nichts. Es genügt ja nicht, etwas auszusprechen, den Worten müssen Taten folgen. Werteorientierte Unternehmen müssen nicht über ihre Werte sprechen. Diese sind einfach da. In guten Zeiten machen sie sich bemerkbar in dem, was Mitarbeiter berichten, oder an den Ritualen. In schlechten Zeiten zeigen sie sich in der Art des Umgangs miteinander.

Haben Sie ein Beispiel?
Ein Unternehmen, in dem ich als Change-Management-Berater engagiert war, musste dreißig Prozent Kosten einsparen, um die nächsten Monate zu überleben. Nun fragte sich das Management, was zu tun sei. Das einfachste wäre es gewesen, diese dreißig Prozent durch Personalabbau einzusparen oder als Alternative Gehaltskürzungen in der ganzen Firma temporär für alle Hierarchieebenen einzuführen. Alle Mitarbeiter und das Management wurden zu einer Betriebsversammlung eingeladen. Dann sollten alle sich darüber bewusst werden, dass jeder dritte von ihnen in drei Monaten nicht mehr anwesend sein würde. Sie selbst könnten auch derjenige sein, der zu kündigen ist. „Das ist der Kollege, dem Sie jetzt kündigen müssen. Schauen Sie ihn an." Diese kurze Szene hat gereicht. Danach konnten wir über Gehaltskürzungen in allen Hierarchieebenen und allen Positionen verhandeln. In diesem Unternehmen war das möglich, weil alle an einem Strang gezogen haben. Bereits sechs Monate später erhielten alle wieder das ursprüngliche Gehalt und vor Ablauf eines Jahres konnten wieder weitere neun Mitarbeiter eingestellt werden. Das gemeinsame Gehen durch Höhen und Tiefen hat Mitarbeiter und Manager zusammengeschweißt.

Gleiches Recht für alle?
Genau, für das Commitment hat es fatale Folgen, wenn etwa der Vorstand privat auf Firmenkosten nach Sylt fährt, während die Belegschaft dazu verdonnert wurde, Reisekosten zu sparen. So etwas zeigt die wahren Werte. Und an genau diesen Punkten können Unternehmen am nachhaltigsten arbeiten. Aber genau dieses Verhalten, was ein Umdenken erfordert, findet in vielen Unternehmen nicht statt.

Gegen das Jeder-gegen-jeden: Die offene Liste praktischer Lösungen

Vielleicht kennen Sie die Geschichte von dem alten Indianer, der den Kindern erzählt, in jedem von uns wohne ein böser und ein guter Wolf, und beide streiten ständig miteinander. „Und welcher wird gewinnen?", fragen die Kinder. Die Antwort des Indianers: „Der, den du nährst!"

In den letzten Kapiteln habe ich drei Punkte als wesentliche Voraussetzungen als Ausweg aus dem Klassenkampf und für einen Wandel in den Unternehmen angesprochen: Das Grundeinkommen und die negative Einkommenssteuer, den Übergang vom festen Arbeitsverhältnis zum Lebensabschnittsjob und die Förderung von Freelancertum und Projektarbeit. Darüber hinaus wirken noch eine Reihe von anderen Maßnahmen gegen das Jeder-gegen-jeden in den Firmen. Sie erfordern dabei lediglich kleinere Einschnitte auf Unternehmensebene – und zuallererst ein Umdenken.

Einstellungspolitik mit Charakter

Wesentlich sind Einschnitte im Bereich der Personalpolitik. Bisher ist die Situation überwiegend so: Je größer Unternehmen sind, desto sturer befördern diese nach Noten und kurzer Studiendauer. Dieses Verhalten spiegelt eine Angst vor Risiko: Bewerber, die immer engagiert studiert haben, müssen auch bessere (und gewissenhaftere) Mitarbeiter sind, so der Glaube. In Wirklichkeit werden so angepasstere und damit spätestens seit 2002, also dem Ende der New Economy, systemkompatiblere Mitarbeiter herangezüchtet. Auch die in Konzernen üblichen Assessment Center geben nicht wirklich den Blick auf das Innenleben der Bewerber frei. Sie offenbaren – wie auch längst Experten anmahnen – oft lediglich Gruppenverhalten. Gruppenverhalten kann jedoch in unterschiedlichen Konstellationen verschieden ausfallen. Die Voraussagekraft bezogen auf Erfolg und Leistung ist begrenzt. Noch viel schwerer wiegt, dass oft einfach nach den falschen Leuten gesucht wird.

Bisher ist es zudem auch so: Kaum ein Personaler achtet auf den „guten Charakter" des Bewerbers. Dieses Wort kommt im deutschen Auswahlprozess gar nicht vor, hier ist vielmehr stets von der Persönlichkeit und von „soft skills" die Rede. Die bisherige (ungeschriebene) Einstellungsregel lautet: Eine für die Unternehmenskarriere ideale Persönlichkeit ist zwar flexibel und emotional stabil, aber besser nicht allzu werteorientiert. So ist zwar soziales Engagement gerade bei manchen Konzernen gern gesehen – aber nur, weil es ein Denken-über-den-Tellerrand zeigt. Nach charakterlicher Integrität, die ohne jede Frage Teil einer positiven Persönlichkeit ist, wird dagegen fast nie gefragt. Stattdessen hängen die Unternehmen individualistische Werte wie Weiterentwicklung und Karriere als Appetithäppchen auf ihren Karriereseiten aus.

Allzu klare Ansichten sind dagegen eher schädlich – das ist meine Bilanz aus Hunderten von Vorstellungsgesprächen, für die ich Bewerber trainiert und deren Verlauf ich im Anschluss rekonstruieren durfte. „Mein früheres Unternehmen schrieb zwar, sie suchten ungewöhnliche und kreative Mitarbeiter, aber in Wahrheit wollten sie weder jemanden mit einem ungeraden Lebenslauf noch jemanden, der allzu querdenkt. In Wahrheit mussten wir uns hier immer wieder selbst klonen", so ein Personalverantwortlicher. Werthaltungen wie Fairness, Aufrichtigkeit, Loyalität und Zivilcourage spielen kaum eine Rolle bei der Einstellung. Und es ist auch klar, warum das so ist: Wer Prinzipien vertritt, wird es schwerer haben, sich damit abzufinden, dass vielfach die kleinsten Nenner und Mini-Kompromisse siegen. Er wird auf unfaires Verhalten reagieren und nicht schweigen, wenn Konzerne Gewinne auf Kosten von Billigarbeitskräften in der dritten Welt erwirtschaften. So jemand ist unbequem.

Faires Verhalten, Aufrichtigkeit, Zivilcourage – das sind Werte, die sich am ehesten mit dem Begriff Integrität überschreiben lassen. Integrität wiederum kann frei mit verantwortungsvollem Handeln und der Fähigkeit, ein moralisches Urteil zu fällen, übersetzt werden. Es geht also nicht nur um die schon bisher in Persönlichkeitstests abgefragte Gewissenhaftigkeit, sondern auch um die Gewissenstreue. In den USA sind die bereits auf Seite 80 vorgestellten Integritätstests seit den 1980er-Jahren üblich. Sie werden vor allem bei der Besetzung von Stellen genutzt, die eine besonders vertrauenswerte Person verlangen, also gerade auch bei Managementpositionen.

Integritätstests sehen gute Leistungen besser voraus als die bei uns dominierenden Verfahren wie Persönlichkeitstests und Assessment Center und natürlich Interviews (Vorstellungsgespräche). Allerdings kritisieren Wissenschaftler, dass die bisher bekannten Tests den Faktor „sich gemäß des eigenen moralischen Urteils verhalten" nicht messen, sondern eher auf konformes Verhalten abzielen. [61]

Gerade bei der Besetzung von Führungspositionen sollte die Integrität eine viel größere Rolle spielen. Bisher spült nur der Zufall charakterstarke Manager nach oben; es ist kein Beförderungskriterium, sondern bestenfalls ein Nice-to-have. Wie gut sich Erfolg und Charakter verbünden, beweisen dann nicht nur die Tests, sondern auch lebende Beispiele wie Pepsico-Chef Steve Reinemund. Dieser lehnte kürzlich sogar das Angebot eines Coca-Cola-Mitarbeiters ab, der Geld für ein neues Rezept seines Arbeitgebers vom Konkurrenten Pepsi erschleichen wollte. Ein gängiger Vorgang in der Wirtschaft: So wird vermutet, dass ganze Länder sich gegenseitig ausspionieren, um Wirtschaftsgeheimnisse zu ergründen.[62] Reinemund jedoch sagte entschieden „nein" zu dem geheimen Rezept – und der Verführung. Es passt zu seinem offensichtlich guten (integren) Charakter. „Tatsächlich genießt der Chef von Pepsico, Steve Reinemund, den Ruf, im Wettbewerb stets ganz besonders korrekt zu sein. Selbst Verbalattacken oder Häme sind dem gläubigen Christen noch nie über die Lippen gekommen, zumindest nicht in der Öffentlichkeit."[63]

Nötig ist also erst einmal das Bekenntnis, ein ethisches Unternehmen führen zu wollen – mit allen Konsequenzen – bevor die Personalpolitik neu gestaltet werden kann.

Werte mit System

Der Trend zum individualistischen Glauben und eine egozentrierte Definition von „gut" („Gut ist das, was mir nützt") führt automatisch zu einer Schwächung moralischer Kontrollsysteme. Erfolg ist erstrebenswert. Auf dem Weg dahin werden kleine Sünden und Schummeleien toleriert. Das gesellschaftliche Moralempfinden ist nicht stark genug, Selbstkontrolle funktioniert nicht ausreichend. Das ist die eine Schraube, an der Unternehmen drehen können – wenn sie mutig genug sind. Auf einer anderen steht das unschöne Wort „Wertemanagementsystem" (WMS). Dahinter steckt eine ganz einfache Sache: Manager müssen vorbildlich handeln. Sie müssen klar kommunizieren, was sie erwarten und ebenso deutlich sagen, was sie nicht dulden. Dieses auch schriftlich – eben in einem solchen WMS – zu tun, dient der Klarheit, wenn es nicht um den Hochglanzbroschürendruck mit dem Primärzweck des Marketings geht.

Wertemanagementsysteme legen die Grundlage für solches Handeln. Ihr Vorteil: Sie sind personenungebunden und überstehen so auch die häufigen Wechsel im Management. Jeder neue Manager wird darauf verpflichtet. Hat sich ein Unternehmen dazu bekannt, z.B. keine Bestechung zu akzeptieren und kodifiziert dies auch global, würde dies in der Konsequenz auch bedeuten, dass ein Engagement in Staaten wie Russland und Indonesien – wo das Schmieren normal ist – ausgeschlossen ist. Ein neuer Manager könnte eine solche Entscheidung nicht ohne weiteres kippen.

Der Unternehmensethiker Josef Wieland von der Fachhochschule Konstanz hat ein solches Wertemanagementsystem entworfen.

Es besteht aus vier Bausteinen:

1 Kodifizieren der Werte für Leistung, Kommunikation, Kooperation und Moral. Es darf zum Beispiel kein Zweifel daran gelassen werden, dass Bestechung und Bestechlichkeit unmoralisch sind!
2 Kommunizieren der Werte an alle Stakeholder (also alle Parteien, mit denen das Unternehmen zu tun hat, inklusive Lieferanten und Kunden) – dies beinhaltet Konsequenzen für die Beziehung bei Verstoß. Beispiel: Ein Unternehmen muss die

Beziehung zu einem Zulieferer umgehend kündigen, wenn dieser seine Mitarbeiter ausbeutet.

3 Implementieren der Werte in Mitarbeitergesprächen, Gehalts- und Bonifikationsfindung, Revisions- und Complianceprogrammen.

4 Organisieren des WMS durch strukturelle Entscheidungen. Dies beinhaltet etwa den Schutz von so genannten Whistleblowern – das sind Menschen, die den Mut haben, auf Missstände im Unternehmen hinzuweisen. Weiterhin gehören dazu interne oder externe Ombudsleute, Ethik-Hotlines und auch die Mitarbeit an Anti-Korruptions-Projekten auf der Ebene der Wettbewerber, Verbände oder der Regierung. [64]

In Zeiten, in denen das Ausspähen der Konkurrenz ebenso zu den üblichen Vorgehensweisen gehört wie das Schmieren von Behörden, sind solche Bekenntnisse alles andere als selbstverständlich. Vielfach halten sich Manager zu diesen Themen bewusst bedeckt. Sie überlassen damit die Entscheidung, wie vorbildliches Verhalten aussieht, der zweiten Reihe. Dies führt zu Insellösungen und individuellen Ethik-Interpretationen. Manager müssen – ebenso wie Unternehmer – wirklich wollen, dass in ihrem Unternehmen nicht geschmiert, gemobbt, betrogen und gelogen wird. Klarheit beginnt mit klaren Aussagen und wird flankiert von klarem Verhalten und null Toleranz gegenüber Abweichungen.

In Unternehmen bis etwa 1 000 Mitarbeitern brauchen solche Regeln gar nicht schriftlich erfasst sein, sie müssen nur ausgesprochen und kompromisslos gelebt sein. In größeren Unternehmen mit mehreren Töchtern sind schriftliche Regeln dagegen nötig. Damit jeder davon Kenntnis bekommt, was in seinem Unternehmen gilt, sollten unternehmensspezifische Richtlinien Bestandteil des Arbeitsvertrags sein oder zusammen mit diesem ausgegeben und gegengezeichnet werden. Nicht in Form absoluter Paragrafen und als Verbot formuliert, sondern als positive und offene Bekenntnisse, die bis zu einem gewissen Grad auslegbar sind, im Kern aber eindeutig sind – wie der erste Paragraf des Grundgesetzes: „Die Würde des Menschen ist unantastbar."

Ethik-Richtlinien als Arbeitsvertragsbestandteil bei Konzernen

Der schriftlich niedergelegte Teil des Wertemanagementsystems ist nichts anderes als eine Ethik-Richtlinie. Auch diese werden in den USA längst eingesetzt, allerdings oft losgelöst von einem wirklichen Management und mitunter ohne wirksame flankierende Maßnahmen. Hinzu kommt, dass formalistische Ethik-Richtlinien in amerikanischem Stil nur schwer auf die deutsche Kultur übertragbar sind. Amerikaner sind in der Regel auch schlechter ausgebildet und brauchen und erwarten mehr Anleitung.

So ist es für Deutsche eher eine „Lachnummer", wenn ihnen verboten wird, mit weiblichen Mitarbeitern in einem Fahrstuhl zu fahren oder zweifelhafte Witze zu machen. Da ich selbst in einem ehemals amerikanischen Konzern gearbeitet habe, weiß ich aus eigener Anschauung: Solche Richtlinien verschwinden bei den deutschen Töchtern oft im untersten Regal, wo sie dann keiner mehr beachtet. Sie werden außerdem zuallererst von den deutschen Vorständen missachtet.

Trotzdem sind Ethik-Richtlinien sinnvoll – sofern sie weniger formalistischen Charakter tragen und eine gewisse Interpretationsfreiheit lassen. Ich halte allerdings auch nichts von allzu offenen Glaubensbekenntnissen wie sie etwa der deutsche Ethikrat auf seiner Website im Grundlagenpapier empfiehlt. Niemand ist in der Lage ohne Interpretationshilfe Sätze zu verstehen wie: „Wir unterstützen und erwarten von jedem MA eine verantwortungsbewusste Erfolgsorientierung." Was bedeutet das konkret? Wann ist eine Erfolgsorientierung verantwortungsbewusst? Oder: Wer würde das NICHT unterschreiben? Ein klarer Satz wie „du sollst nicht töten" ist vielleicht im Sinne einer so genannten Handlungsethik zu formalistisch – die Menschen aber brauchen genau so einen Satz. Es ist auch nicht möglich, jeden Menschen mit dem kategorischen Imperativ des Immanuel Kant auszustatten: Handle stets so, dass die Maxime deines Willens jederzeit zugleich als Prinzip einer allgemeinen Gesetzgebung gelten könne. Viele Menschen sind damit schlichtweg überfordert und in ihrer eigenen Entwicklung nicht so weit. Sie brauchen eindeutige Orientierung von außen – das gilt für Deutsche ganz genauso wie für Amerikaner.

Aus der Art und Weise, wie Amerikaner und Kanadier gewünschtes Verhalten kommunizieren, lässt sich etwas lernen. Da gibt es Fallstudien – etwa von der kanadischen Internetfirma Telus –, die in lebendig geschriebenen Szenen verdeutlichen, welche Verhaltensweisen in welchen Situationen angebracht sind. Eine andere Möglichkeit zeigt der Flugzeugbauer Boeing. Er gibt in seinem Kodex mit vielen Beispielen Antworten auf konkrete Fragen. Auch bei Boeing sind Liebesverhältnisse auf verschiedenen Hierarchieebenen nicht erlaubt. Dies ist keine Freiheitsberaubung, sondern durchaus hilfreich und gibt dem Mitarbeiter Sicherheit. Was spricht dagegen, sich als Führungskraft einen neuen Job zu suchen, wenn man sich verliebt? Für diese Zielgruppe ist die Arbeitsplatzsuche nun wirklich kein Problem. Dass die Richtlinien des CEOs Harry Stonecipher zu seinem eigenen Rauswurf geführt haben, ist nicht wie deutsche Medien uns vermitteln wollen, kleinkariert, sondern einfach nur konsequent.

Stonecipher hatte ein Verhältnis mit einer Managerin angefangen. Die Beziehung hatte genau gegen die ethischen Richtlinien verstoßen, die der (verheiratete) Stonecipher nach seiner Amtsübernahme Ende 2003 verkündet hatte. Auch wenn seine Geliebte vielleicht nicht dem Klischee der schützenswürdigen Bürodame entspricht, war sie durch die Affäre doch innerhalb des Konzerns von seinem Goodwill abhängig. Dass gescheiterte Beziehungen oder privater Stress keine gute Basis für kollegiales Verhalten ist, wissen wir alle. Bei Regeln darf es keine Ausnahmen geben und erst recht keine für die Vorbilder an der Unternehmensspitze, die diese vertreten. Die Interpretation der Medien empfinde ich deshalb als fehlgeleitet.

Ein Beispiel zeigt, wie wichtig solche Regeln sind – und dass sie letztendlich den Angestellten schützen:

„Ich war angestellt bei einer Hamburger Bank und fing ein Verhältnis mit meinem Vorgesetzten an. Dies dauerte nur wenige Wochen und nach dem Ende der Affäre 'strafte' mich mein Chef bei jeder Gelegenheit. Er mobbte

mich fortan, verhinderte mein berufliches Weiterkommen und Gehaltserhöhungen. In der Bank gab es keine Anlaufstelle, der ich mich anvertrauen konnte. Ich habe ihm dann nach irgendeinem frustrierenden Gespräch eine gescheuert. Daraufhin hat er mich fristlos gekündigt. Es kam zum Arbeitsprozess, in dem ich das Verhältnis eingebracht habe. Die Geschichte wurde öffentlich und so breitgetreten, dass die Bank ihm kündigen musste."

Nina, ehemalige Kundenberaterin bei einer Bank

„Wir sind nicht nur verantwortlich, für das was wir tun, sondern auch für das, was wir nicht tun!", schrieb einst Molière. Längst nicht alle Angestellten können in jeder Situation sicher entscheiden, welches Verhalten toleriert wird und welches nicht. Das fängt bei der Frage nach der die Zulässigkeit einer Einladung zum Kaffee an und hört beim Kopieren eines Datensatzes für private Zwecke nicht auf. Darf ich mich von einem Kunden ins Restaurant einladen lassen? Ist ein kleines Geschenk okay? Unbefangener Austausch mit einer neutralen Stelle möglichst außerhalb des Unternehmens ist also wichtig, nicht zuletzt um Denunziantentum auszuschließen. Schließlich ist es verführerisch, lästige Kollegen über den Umweg Ethikregeln aus dem Unternehmen rauszuekeln.

Vielleicht ist die neutrale Stelle besetzt mit einer Vertrauensperson nach dem amerikanischem Vorbild des „Ethic Advisory". Bei diesem „Vertrauensmann" oder dieser „Vertrauensfrau" können sich Mitarbeiter Entscheidungshilfen für ganz konkrete Fälle abholen. Ganz wichtig allerdings, dass diese nicht in das Unternehmen eingebunden und neutral ist. Deshalb wird gemeinhin ein Ombudsmann empfohlen – ein Jurist, der zum Schweigen verpflichtet ist. Sich selbst zum Schweigen verpflichten, das können sich indes auch andere Berufsgruppen, die kraft ihrer Ausbildung oder Erfahrung eine sensible und persönlichkeitsorientierte Art des Umgangs pflegen. Coaches und Psychologen etwa sollten in der Lage sein durch Fragetechnik auch Denunzianten weitgehend herauszufiltern oder die Motivation für die „Anzeige" eines Kollegen zu erfragen.

Bisher gibt es kaum zuverlässige Anlaufstellen, an die sich Mitarbeiter und Manager wenden können, wenn sie mit unfairem

Verhalten konfrontiert sind. Unregelmäßigkeiten beim VW-Konzern hatten so genannte Whisteblower[65] schon 2004 an Vertrauensleute gemeldet – sie wurden dafür ausgegrenzt. Die interne Kontrolle hat hier wie in vielen anderen Unternehmen also nicht funktioniert, die Whistleblower wurden nicht geschützt. Dem soll etwa das so genannte Hinweisgebersystem der Business Keeper AG entgegenwirken, das vertrauliche und anonyme Meldungen über eine zentrale und neutrale Schnittstelle ermöglicht. Daten werden über das IT-System gesichert, gleichzeitig sorgen neutrale Vertrauenspersonen dafür, dass Informationen auch nachgegangen werden.

Die Einführung von Ethik-Richtlinien funktioniert in Deutschland übrigens nur in Zusammenarbeit mit dem Betriebsrat. Dieser hat nach § 87 Absatz 1 Nr. 1 Betriebsverfassungsgesetz (BetrVG) ein Mitbestimmungsrecht: Hier ist geregelt, dass der Betriebsrat in Fragen der Ordnung des Betriebs und des Verhaltens der Mitarbeiter an Entscheidungen zu beteiligen ist. Auch dies hatte die inzwischen verkaufte deutsche Tochter des amerikanischen Konzerns Wal-Mart, der wegen seiner Ethikregeln in die Medientretmühle geraten war, nicht beherzigt.

Ethik in der Bilanz

„Gute“ Unternehmen sind erfolgreicher. Auch Kunden bevorzugen sie: „The customers of International Paper, like customers everywhere, prefer to do business with an ethical company”, schreibt der weltweit führende Papierhersteller International Paper auf seine Webseite. Ob dies ein Lippenbekenntnis ist oder nicht: In den USA werden bereits jetzt zehn Prozent des Anlagevermögens nach sozialen Kriterien investiert. Deutsche Konsumenten wollen zu mehr als 34 Prozent Produkte von Herstellern bevorzugen, die soziales und ökologisches Engagement zeigen. Zu diesem Ergebnis kommt eine Umfrage des imug-Institut aus dem Jahr 2003, durchgeführt bei 1 000 deutschen Haushalten. Ethik ist also durchaus auch ein Wirtschaftsfaktor – in der Bilanz taucht er dennoch nicht auf. Dies zu ändern, wäre ein weiterer, konsequenter Schritt.

Sicher ist es schwer, bei einem so weichen und gar nicht zahlenmäßig fassbarem Kriterium eine Messzahl festzulegen. Dies würde auch der Individualität von Ethik nicht gerecht. Denkbar wäre es aber, mit Zielvorgaben zu arbeiten. Unternehmen könnten sich selbst verpflichten, jedes Jahr einen Ethik-Statusbericht abzugeben oder bestimmte ethische Verbesserungen in Angriff zu nehmen. Relevant sind dabei verschiedene Bereiche, in denen das Unternehmen agiert:

- Ethik bzw. Fairness gegenüber Kunden
- Ethik bzw. Fairness gegenüber Mitarbeitern
- Ethik bzw. Fairness für Lieferanten und Subunternehmer
- Ethik bzw. Fairness gegenüber der Umwelt
- Ethik bzw. Fairness gegenüber der Gesellschaft
- Ethik bzw. Fairness gegenüber Investoren

So wie es unabhängige Wirtschaftsprüfer gibt, könnte es neutrale Ethikkommissare geben, die den ethischen Wert des Unternehmens analysieren und beschreiben, wie sich das Unternehmen gegenüber den Mitarbeitern, den Kunden, den Lieferanten und den Wettbewerbern verhält, und wo es Verbesserungspotenziale gibt. Als Mitarbeiter in Rating-Agenturen überprüfen sie – auf freiwilliger, durch den Konkurenzdruck sanft geförderter Basis – Unternehmen und bewerten, ob diese ökologisch, sozial und menschlich verantwortlich handeln. Denkbar wäre ein Punktesystem, das auf den wichtigsten humanistischen Werten beruht. Oder eine textliche Lösung – wie in den Zeugnissen der ersten Klasse der Grundschule.

Ungewöhnliche ethische Handlungen sollten als positive Nachrichten mehr Beachtung finden. Denn solche Nachrichten gibt es bereits jetzt: So verzichtete Porsche auf staatliche Subventionen beim Bau einer neuen Produktionsstätte in Leipzig, weil das Unternehmen Subventionen nicht wirklich benötigt.[66] Der Porsche-Chef Wendelin Wiedeking dazu: „Es ist wenig sinnvoll, ja geradezu der Gipfel des Unsinns, wenn man in Zeiten, in denen mehr als fünf Millionen Menschen als Arbeitslose in Deutschland registriert sind, den Job-Export auch noch aus dem deutschen Steuertopf subventioniert."[67]

Gleich, wie sich der Faktor Ethik im Geschäftsbericht niederschlägt – seine Erwähnung müsste freiwillig sein, denn zu viel Formalismus führt bekanntlich zum Gegenteil des eigentlich Gewünschten: Wenn Unternehmen erkennen, dass ihr Markenwert ganz eng mit ihrem ethischen Engagement verknüpft ist, werden sie diesem auch mehr Beachtung schenken. Doch der Zeitpunkt ist erst dann da, wenn Kundennachfrage auch durch den Charakter eines Unternehmens gesteuert wird und nicht nur durch seine Preise oder technologischen Entwicklungen. Viel ist erreicht, wenn einer damit anfängt und durch seinen Erfolg Nachahmung provoziert.

Gesetze? Mehr als genug!

Müssen Gesetze her, die für Kontrolle sorgen? Der eingangs zitierte Herr Reinemund fordert, dass Manager für ihr Verhalten zur Verantwortung gezogen werden müssen. Gesetze allein verhinderten keinen neuen Enron-Skandal. Der Glaube an das eigene Wertsystem müsse gestärkt werden. Unumgänglich sei zudem ein starkes Kontrollsystem.[68] Reinemund spielt dabei an auf den Sarbanes Oxley Act (Sox), der nach dem Enron-Skandal in den USA für dort börsennotierte Unternehmen beschlossen wurde und auch deren Töchter in Deutschland trifft. Sox bietet ein wenig Kontrolle, bewirkt vor allem aber einen riesigen Verwaltungsaufwand und eine Arbeitsbeschaffungsmaßnahme für die öffentliche Hand: Prozesse müssen beschrieben, definiert und Kontrollverfahren dokumentiert werden. Bürokratie pur. Ob damit erreicht wird, dass Anleger das Vertrauen in die veröffentlichten Finanzdaten wiedererlangen, ist fragwürdig.

Doch auch diejenigen deutschen Unternehmen, die keine Töchter eines US-Konzerns sind, agieren keineswegs – wie oft behauptet – völlig außerhalb von staatlichen Zugriffsmöglichkeiten. 1998 wurde in Deutschland das Gesetz zur Kontrolle und Transparenz im Unternehmensbereich eingeführt, das KonTraG. Es betrifft deutsche Aktiengesellschaften, Kommanditgesellschaften und einen Teil der GmbHs. Das Gesetz verpflichtet das Management zur fachlich einwandfreien Leitung des Unternehmens und zur Berücksichtigung aller betriebswirtschaftlichen Erkenntnisse. Dazu gehört beispielsweise auch der Datenschutz. Ein weiteres Gesetz dient vor allem dem Schutz der Aktionäre: UMAG, das 2005 eingeführte Gesetz zur Unternehmensintegrität und Modernisierung des Anfechtungsrechts. Schadensersatzklagen von Aktionären, die sich auf Pflichtverletzungen des Vorstands beziehen, werden damit erleichtert. Basel II schließlich schließt auch den Mittelstand in das Kontrollsystem mit ein: Ein gutes Rating fordert die Einhaltung von Standards, bei der Personalauswahl genauso wie bei der Bilanzerstellung. Der bereits erwähnte deutsche Corporate Governance Kodex tut als „weiches Gesetz" mit scharfen Empfehlungen – etwa die Vorstandsgehälter offenzulegen – das seinige.

Sox in den USA und bei deutschen US-Töchtern, KontraAG, UMAG und auch Basel II in Deutschland führen insgesamt zu mehr Kontrolle, dämmen Willkür und Selbstbedienungsmentalität auf Seiten der Top-Manager ein. Sie bieten damit eine ausreichende gesetzliche Basis, mehr muss gar nicht sein. Das Problem ist also nicht die Gesetzeslage. Es ist vielmehr die zu seichte Rechtssprechung, die Bilanzfälschung der Manager als Kavaliersdelikt wertet, während der Diebstahl der Angestellten ein Verbrechen ist. So wurden 2005 zwei Ex-Vorstände der Berliner Landesbank wegen Bilanzfälschung in Millionenhöhe zu 150 000 Euro Geldstrafe verurteilt – ein extrem ungewöhnliches Urteil, denn bis dahin kamen Manager oft ohne Strafe aus ihren Verwicklungen heraus.

Die D&O-Versicherung abschaffen

Es gibt die vielfach geforderte Haftung für Manager längst. Sie ist lediglich ausgehöhlt durch ein riesiges Schlupfloch: die Versicherung. Die so genannte Directors & Officers (D&O) Liability Insurance schützt die Manager als eine Art Berufshaftpflicht davor, mit dem Privatvermögen für Schäden aufkommen zu müssen. „Regierungsfehler" sind damit halb so schlimm, bezahlen muss dafür kein Manager. 600 Millionen Euro sollen die Versicherer allein in Deutschland 2005 für solche Managementschäden gezahlt haben.

Die Lösung liegt also nicht in einem neuen Gesetz, sondern viel näher: Die Versicherungen müssten abgeschafft werden. „Dann werden die Top-Manager das Thema Ethik ganz sicher ganz schnell hoch setzen", sagt Kenan Tur, Vorstand der Business Keeper AG. Jeder kleine Unternehmer und Freiberufler trägt sein Risiko allein – seine Berufs- oder Betriebshaftpflicht zahlt nur, wenn er dem Konkurrenten versehentlich einen Fußball in das Schaufenster schießt, aber nicht bei Forderungen, die in Folge einer Bilanzfälschung entstanden sind. Schäden durch Bilanzfälschungen indes deckt die D&O-Versicherung ab, jedenfalls so lange die Manager daran unschuldig sind. Die Frage ist, wie das Gegenteil (also die Schuld) nachgewiesen werden kann. Die Münchner Rückversicherung wirbt auf ihrer Website www.munichre.com: „Ob Bilanzfälschung, Missmanagement, Fehler bei Unternehmenskäufen, unzureichendes Risikomanagement oder Mängel in Aufsicht und Kontrolle – Unternehmen müssen mit allen Szenarien rechnen". Sie nennt unter der Überschrift „Schadensursachen und Szenarien" zahlreiche weitere Beispiele für die Anwendung einer D&O-Versicherung, etwa Insolvenzverschleppung, unlauterer Wettbewerb, unzureichende Sicherheitsvorkehrungen. Ein schönes Sicherheitspaket für Manager – nicht ohne Grund erfreut sich die D&O großer Beliebtheit im Top-Management. Dazu schreibt die Münchner Rück auf ihrer Website zur „Historie der D&O-Versicherungen: „Mittlerweile schätzt man die Marktdurchdringung der D&O-Versicherung bei international tätigen Großunternehmen auf über 90 %." Globalisierung, neue Corporate-Governance-Empfehlungen für Unternehmensleiter, zunehmende Klagementalität und international schärfere Gesetzesvorschriften für die persönliche Haftung von Managern lassen die Nachfrage nach dieser Versicherung weiterhin steigen.

Bei Gehältern, die Unternehmergewinnen in nichts nachstehen, ist es völlig irreal, dass den bisherigen Managern Risikofreiheit garantiert wird. Ebenso verrückt ist, dass Personen wie Peter Hartz aus dieser Rundum-Sorglos-Versicherung 4,5 Millionen Euro für die eigenen „Untaten" erhalten – wie laut Handelsblatt gerade geschehen.

Top- oder Flop-Unternehmen: Warum echte Transparenz gefragt ist

Die Hunde schlafen nicht mehr, sie sind hellwach. Gerade den großen Unternehmen ist längst bewusst, dass sie in Zukunft vor allem mit Werteorientierung punkten können. Sie wissen sehr genau, dass nur ein neues Wertebewusstsein ihr Unternehmen vor dem „Crash“ bewahren kann – dem Aufeinanderprallen aller egoistischen Kräfte im Kampf um den Gewinn von Macht und Einfluss und den Sieg am Arbeitsmarkt. Sie wissen irgendwo auch, dass Werte sie letztendlich frei machen für den globalen Wettbewerb. Das Thema „Werte“ gehen sie deshalb mit Hochglanzbroschüren an. Natürlich vor allem aus Marketinggründen.

Mit Fairness und Ethik in Unternehmen wird inzwischen dickes Geschäft gemacht. Nicht nur, dass jedes Halbjahr mindestens ein neues Buch erscheint, das Werte propagiert und ein Umdenken bei den Managern fordert. Projekte und Initiativen überrollen Deutschland. Gekürt werden vermeintliche Top-Arbeitgeber und angeblich vorbildliche Unternehmen. Die Initiativen verdienen an der selbst ausgerufenen „Hitparade der besten Unternehmen“ kräftig mit.

Die Agentur Compamedia, die sich selbst als „Deutschlands führenden Benchmarker“ bezeichnet, verfolgt einfach nur eine zweckmäßige Geschäftsidee. Die Agentur verdient letztendlich ihr Geld damit, dem Mittelstand Public Relations auf eine etwas andere Art und Weise zu verkaufen. Über den Umweg des ethischen Engagements (oder über Innovationen – ein weiteres Projekt von Compamedia) bringt sie die Firmen in die Medien. Unternehmen bis zu 5 000 Mitarbeitern dürfen sich per Fragebogen an einer Erhebung beteiligen, über den die ethischsten 100 ausgewählt werden. Im Zentrum steht dabei „verantwortliches Handeln gegenüber Mensch und Umwelt“. Damit die Fragebogenaktion wissenschaftlicher wirkt, bestätigt die oekom Research AG die von den Firmen gemachten Angaben durch eigene Recherchen.

4 900 Euro zahlen Firmen, die vom „Leistungspaket" profitieren und als ethisches Unternehmen ausgewählt werden. In dem Paket enthalten ist, konsequent vor dem Hintergrund des eigentlichen Geschäftsmodells, vor allem auch die Pressearbeit für die teilnehmenden Unternehmen. Ethisch zu sein – das zieht in der Öffentlichkeit und vor den Kunden. Das Geld wird bezahlt, wenn das Unternehmen unter die ersten 100 gewählt wird und summiert sich bei 100 Firmen auf immerhin fast eine halbe Million Euro.

Nicht auf den Mittelstand, sondern auf Großunternehmen zielen die Initiatoren des Projekts „Top-Arbeitgeber in Deutschland", die dazu einmal jährlich ein Buch im W. Bertelsmann-Verlag herausgeben. Zusammengetan haben sich hier das Münchner Geva-Institut, die Corporate Research Foundation und das Magazin Karriere aus dem Handelsblatt-Verlag.

Ob und wie sich die Unternehmen an ihrer Darstellung finanziell beteiligen, ist den Beschreibungstexten nicht zu entnehmen. Klar ist indes, dass die für die Initiatoren entscheidenden Faktoren, ein Unternehmen als „top" zu kennzeichnen, ein bunter Mix sind, der automatisch jenen zum Vorteil gereicht, die in ihrem Unternehmen viel „machen" und die die reichhaltigsten Maßnahmenpakete für Mitarbeiter haben. Viel wirkt aber nicht viel, mitunter führt es sogar zu Formalismus. Hinzu kommt, dass die Initiative mit Fragebögen arbeitet. Im ersten Teil ist das Unternehmen zur Selbsteinschätzung aufgefordert – etwa zum Thema Betriebsklima/Kollegialität oder zum sozialen/kulturellen Engagement. Im zweiten Teil gibt es Fragen, die eine bestimmte Form von Engagement werten. Positiv bewertet wird etwa die überwiegend interne Besetzung von Führungspositionen, was durchaus fragwürdig erscheint.

Weitere Beispiele für frei zu beantwortende Fragen:

- Bieten Sie systematische Jobrotation?
- Wie viel Prozent der Mitarbeiter waren im letzten Jahr in einer Weiterbildung?
- Unterstützt Ihr Unternehmen Kinderbetreuungsmodelle?

Der Fragebogen wird von Human-Resources-Abteilungen ausgefüllt – Abteilungen, die tendenziell an der Weiterentwicklung von Mitarbeitern, flexiblen Arbeitszeitmodellen und Führungskräfteausbildung interessiert sind. Kritik ist von dieser Seite kaum zu erwarten. Mitarbeiter der Personalabteilung sind im Unternehmen vielmehr oft Berater, die ihre Kunden – die Fachabteilungen – zufriedenstellen müssen. Der Blickwinkel auf die Antworten ist also sehr speziell. Antworten werden zudem mit hoher Wahrscheinlichkeit nur nach der offiziellen Freigabe durch die Kommunikationsabteilung weitergegeben und veröffentlicht, da sie die Außenwirkung des Unternehmens prägen. Kosmetische Maßnahmen sind wahrscheinlich.

Dass zusätzlich Journalisten eingeladen werden, um sich das Unternehmen vor Ort anzusehen, ändert daran nichts. Diese Journalisten verbringen wenige Stunden in den Firmen und sprechen nur mit den ihnen zugewiesenen Ansprechpartnern. An kritischen Anmerkungen scheint dabei kein Interesse zu bestehen, die Texte sind immer positiv.

Ich habe mit verschiedenen Mitarbeitern gesprochen, die für einige dieser Top-Arbeitgeber tätig sind und die Beschreibungen teilweise als Farce empfanden, da sie kaum etwas mit der Realität zu tun hätten. Da werden z.B. extrem hierarchische und machtorientierte Unternehmen gelobt, weil sie Mitarbeiter förderten – was sie in der Praxis nicht oder nicht in der beschriebenen Form tun.

Der Handelsblatt-Verlag hat zugleich die „Fair Company"-Initiative mit dem Ziel ins Leben gerufen, Arbeitgeber auszuzeichnen, die sich für eine „neue Ethik in der Arbeitswelt" einsetzen. Dabei steht der Berufseinstieg im Vordergrund und die durchaus ehrenhafte These „Faire Unternehmen beuten keine Praktikanten aus".

Allerdings macht es noch keinen fairen Stil aus, wenn Praktikanten eine ordentliche Vergütung von einem Arbeitgeber erhalten – doch dies wird als hauptsächliches Indiz herangezogen. Viel wichtiger als Geld ist doch letztendlich die Frage, ob ein Unternehmen Praktikanten als Arbeitskräfte ausnutzt oder nicht. Nicht ausbeutend sind Praktika, in denen wirklich anwendbares Wissen vermittelt wird oder die eine echte Chance auf einen Einstieg bieten.

Fraglich ist auch die Meldepraxis: Unternehmen schreiben ganz einfach eine E-Mail. Ehrenwert, dass die Redaktion verspricht, die auf diese Art und Weise selbst ernannte „FairCompany" kritisch zu beäugen, wenn ehemalige Praktikanten die Selbstaussage – ebenfalls per E-Mail – in Frage stellen sollten.

Auch die Zeitschrift Capital versucht sich zusammen mit dem Kölner Marktforschungsinstitut Psychonomics, die auf Basis von Daten des Forschungspartners „great place to work" als Unternehmenshitparaden-Moderatoren auftreten. Deren Studie „Deutschlands beste Arbeitgeber" ist Teil einer europaweiten Untersuchung. Great place to work veröffentlicht kein Buch, sondern funktioniert wie ein Wettbewerb, an dem Unternehmen sich bewerben können. „Ein ‚great place to work' ist ein Arbeitsplatz, an dem man als Mitarbeiter denen vertraut, für die man arbeitet, stolz auf das ist, was man tut, und Freude hat an der Zusammenarbeit mit den anderen", schreiben die Initiatoren auf ihrer Website.

Die Great-place-to-work-Initiative ist dabei noch die für mich Glaubwürdigste des Ethik-Trios, die sich zudem am deutlichsten auf gelebte Werte wie Fairness, Glaubwürdigkeit, Respekt und Team (z.B. „freundliche und einladende Atmosphäre) konzentriert. Mitarbeiter der Unternehmen müssen in einer repräsentativen Umfrage 56 Fragen beantworten, die Personalabteilung sich in einem Audit Fragen der Marktforscher stellen.

Fazit: Hörensagen ist mitunter aufschlussreicher als Studienergebnisse lesen. Wirkliche Transparenz für den Bewerber und Kunden des Unternehmens bieten die derart existierenden Unternehmensbewertungen nicht. Solche Transparenz wäre aber extrem hilfreich, damit eine Auswahl nach ethischen Kriterien möglich wird. Bisher landen Mitarbeiter eher zufällig in bestimmten Firmen, um dann zu merken, dass sie sich mit dem Stil nicht identifizieren können.

Die ehrlichste Bewertung kommt von den Mitarbeitern selbst. Dabei geben natürlich erst mehrere Meinungen ein Bild ab, Einzelmeinungen sind selbstverständlich mit Vorsicht zu genießen. Doch wenn unterschiedliche Personen Insiderberichte mit ähnlichen Tendenzen abgeben – wie etwa in einigen Foren des Internets nachzulesen –, so liegt darin doch mit hoher Wahrscheinlichkeit ein wahrer Kern.

„Bei uns ist auch nicht alles rosarot"

Geht es um Ethik und Werte, so werden einige Unternehmen in Deutschland immer wieder von den Medien zitiert. Ist es bei dm oder Weleda – um nur einige der oft anthroposophisch geführten Firmen zu nennen – wirklich besser? Michael arbeitet bei dm.

Ist Ihr Unternehmen so gut, wie es immer in der Presse dargestellt wird?
Michael: Ich finde das teilweise etwas übertrieben. Ein Kuschelkonzern wie in den Medien skizziert, das sind wir sicher nicht. Natürlich geht es bei uns auch um Gewinn und Gewinnmaximierung.

Geht es Ihnen gut in Ihrem Unternehmen?
Michael: Ich fühle mich wohl hier. Seit mehreren Jahren bin ich nun in der Zentrale beschäftigt und war in der glücklichen Lage, schon zwei ganz unterschiedliche Positionen ausfüllen zu dürfen. So ein Wechsel wird bei uns sehr positiv gesehen. Wer eine neue Aufgabe wahrnehmen will, der wird dabei unterstützt.

Möchten sich nach so viel Lob in den Medien jetzt nicht ganz viele Menschen bei Ihnen bewerben?
Bei uns gehen Jobs eigentlich immer unter der Hand weg. Der eine kennt den, der andere jenen. Empfehlungen spielen eine wichtige Rolle. So sind auch kaum Stellen ausgeschrieben.

Und die Qualifikationen?
Natürlich müssen Mitarbeiter qualifiziert sein, aber der Lebenslauf darf schon ein wenig bunt sein.

Kennen Sie Herrn Werner?
Jeder hat ihn zumindest schon einmal im Fahrstuhl getroffen. Er ist höflich und grüßt freundlich. Er geht auch schon mal in die Filialen und Abteilungen und hört zu. Wenn „gemeckert" wird, greift er das auf.

Merkt man die Anthroposophie in Ihrem Unternehmen?
Nur an den Seminarangeboten, die sehr auf die menschliche Entwicklung bezogen sind. Jeder, der das möchte, kann an solchen Seminaren teilnehmen, aber das ist alles freiwillig.

Wie ist der Führungsstil bei Ihnen?
Da gibt es natürlich Unterschiede, aber so richtig autoritäre Manager kenne ich nicht. Die Führungskräfte begreifen sich als Lernbegleiter, die Abteilungen sehen sich als Dienstleister. Sehr viel wird in Form von Projekten angelegt. Da arbeiten die Mitarbeiter dann abteilungsübergreifend. Das fördert meiner Meinung nach den Zusammenhalt des Unternehmens insgesamt sehr stark. Jeder hat das Gefühl, Prozesse auch mitgestalten zu können.

Gibt es Zielvereinbarungen?
Natürlich. Aber dabei wird nicht so stark auf finanzielle Rahmendaten geachtet, wobei diese in bestimmten Abteilungen wichtiger sind als in anderen. Die Führungskraft fragt vielmehr, was man sich vorgenommen hat und was man verbessern will. Daraus werden gemeinsame Ziele abgeleitet. Es gibt wenig Vorgaben, dafür sehr viel Eigenverantwortung.

Kennen Sie denn gar kein Hauen und Stechen?
Natürlich ist bei uns nicht alles rosarot! Ein bisschen Reibung muss schon da sein. Aber wenn ich mich so im Bekanntenkreis umhöre, dann ist es bei uns sicher weniger ausgeprägt.

Wissen Sie, welche Werte es in Ihrem Unternehmen gibt?
Das ist nicht ausgesprochen, wir haben keine Hochglanzbroschüren. Spürbar sind Werte eher in den Handlungen. Ich denke, Fairness ist ein ganz wichtiger Wert hier. Das betrifft alle Beteiligten, besonders die Kunden und natürlich auch die Lieferanten. Kunden haben bei uns die breitesten Gänge und schätzen den Komfort, unsere Geschäfte sowie die freundliche Bedienung. Lieferanten werden von uns nicht geknebelt, wie das anderswo üblich ist.

Was jeder tun kann

„Irgendwann saß Gabriele Fischer beim Manager Magazin auf dem Stuhl der stellvertretenden Chefredakteurin. Ohne ihr aktives Zutun, behauptet sie. Aus den Intrigen und Stuhl-Sägereien habe sie sich herausgehalten. Schon damals, als der erste Jahrgang der Henri-Nannen-Schule auf den Markt stürmte und nach den besten Posten bei den renommiertesten Magazinen gierte. ‚Ein einziges Hauen und Stechen', erinnert sie sich. Gabriele Fischer haute und stach nicht mit, sondern ging zum Weserkurier."[69]

Man beachte bei dieser Geschichte erstens: Die kleine Zeitung Weserkurier bedeutet im Vergleich zum großen Manager Magazin in den üblichen Karrieredenkmustern einen Rückschritt. Und zweitens: Gabriele Fischer ist die Frau, die später das heute intellektuell führende Wirtschaftsmagazin Brand Eins aufgebaut und am Markt etabliert hat. Die Geschichte zeigt also: Menschen, die sich dem Jeder-gegen-jeden verweigern, können durchaus sehr erfolgreich sein. Sie sind oft sogar erfolgreicher als die anderen.

Die Geschichte zeigt auch: Ein kleiner Schritt in eine ungewöhnliche Richtung, eine einzige Handlung kann Großes bewirken. Sie kann sogar Großes ins Rollen bringen, bis der Tipping Point erreicht ist. Der Tipping Point ist der Punkt, an dem sich alles ändert. Ohne Werbung, ohne Gesetze und Vorschriften. Der Begriff des Tipping Point stammt aus der Epidemiologie und bezeichnet den Punkt, an dem eine Kleinigkeit – wie das Verhalten eines einzigen Menschen oder eines einzigen Unternehmens – einen Flächenbrand, eine Pandemie auslöst. Dieser eine Punkt kann von heute auf morgen die Welt neu definieren. Er macht aus völlig uncoolen Schuhen über Nacht absolut angesagte In-Treter. Er bringt in den Slums eine ständig steigende Kriminalitätsrate plötzlich und für alle unerklärlich zum radikalen Sinken – nur weil wenige zentrale Meinungsbildner mit vielen Kontakten dafür sorgen, dass Verbrechen „out" sind. Kann der Tipping Point auch ein neues Wertebewusstsein schaffen –

schneller als jede Verordnung oder der Versuch einer mit teuren Werbekampagnen begleiteten Veränderung von oben?

Das kann er. Das Hauen und Stechen des neuen Klassenkampfs ist kein Schicksal: Niemand wird gezwungen, bei kriegerischen Auseinandersetzungen mitzumachen oder Dinge mit gleicher Münze heimzuzahlen. So, wie auch niemand zurückschlagen muss, nur weil er geschlagen wurde. Frieden beginnt an dem Punkt, an dem einer den ewigen Kreislauf aus Gewalt und Gegengewalt unterbricht.

Jeder kann unterbrechen und sich einfach nicht beteiligen an dem, was um ihn herum passiert. Jeder kann boykottieren und etwas gegen den Klassenkampf in den Unternehmen tun – als Verbraucher, Berufseinsteiger, Mitarbeiter, Führungskraft und natürlich als Unternehmer. Jeder kann von seinem Mikrokosmos aus letztendlich auch die Welt mit gestalten.

Boykott: Wir dürfen als Verbraucher keine Unternehmen unterstützen, die sich unethisch und rücksichtslos gegenüber Mensch und Umwelt verhalten. Wir sollten Aktienfonds von werteorientierten und fairen Unternehmen kaufen und von den Firmen eine transparente Öffentlichkeitsarbeit und Nachweise über ihr ethisches Engagement fordern. Wir müssen zuvor aber unser eigenes Werteverständnis ändern und den mit der Wissensgesellschaft fortschreitenden Freizeitüberschuss – als positiven Konterpart zur Arbeitslosigkeit – akzeptieren. Unternehmen, die Mitarbeiter entlassen, sind nicht automatisch unethisch. Es ist vielmehr die Frage, wie sie entlassen. Und unter welchen gesellschaftlichen Vorzeichen: Freelancer und Zeitvertragspartner können nicht entlassen werden, sie erlauben es Unternehmen, beliebig und kostengünstig zu schrumpfen. Sicherheit bietet das Grundeinkommen. Die zeitliche begrenzte Karriere muss dabei als Alternative zum überholten lückenlosen Lebenslauf akzeptiert werden. Karenzgelder (als andere Form der Abfindung) müssen schon mit der Einstellung ausgehandelt sind.

Wir dürfen den Primat des Preises nicht selbst vorantreiben, indem wir ewig Schnäppchen jagen. Wir dürfen nicht bei einem Discounter einkaufen, der seine Mitarbeiter wie Vieh behandelt und in dem stilloses und menschenverachtendes Verhalten dominiert. Letztendlich bedeutet das auch: Wir dürfen nicht nach immer billigeren Gütern schreien, wenn dies letztendlich die Spirale des unfairen Verhaltens vergrößert.

Wir müssen eine neue Kategorie einführen, die des „guten" Unternehmens im Unterschied zu den „schlechten" Unternehmen, über die bisher keiner offen redet. Schwarzbücher haben in der Vergangenheit vor allem ausbeuterische und umweltfeindliche Firmen geoutet. Bestenfalls kamen schlechte Arbeitsbedingungen in den Zuliefererfirmen im Ausland auf die Anklagebank – schlechte Arbeitsbedingungen bei uns im Land bleiben aber bis auf wenige Ausnahmen unerwähnt.

Der neue Klassenkampf wird genährt durch fehlende Werteorientierung und das Aufstacheln der eigenen Mitarbeiter gegeneinander. Auch diese Faktoren sollten deshalb in Schwarzbüchern Eingang finden – und den schönfärberischen „Top-Arbeitgeber"-Ratgebern damit mehr Transparenz entgegengestellt werden.

Dies hilft Berufseinsteigern, sich gegen den einen oder anderen der vermeintlichen Top-Arbeitgeber zu entscheiden. Oder diesen nur – bekennend opportunistisch – für ein vorübergehendes Jobverhältnis aus finanziellen Gründen zu besuchen.

„Gut" und „böse" müssen klar unterschieden sein, es darf keinen Wertepluralismus geben. Es sollte klar sein: Ein Unternehmen ist „gut", wenn es auch nicht-ökonomische Werte lebt. Es ist „gut", wenn es schlechtes – unfaires – Verhalten sanktioniert, anstatt es still zu dulden. Es ist „gut", wenn es sich ehrlich, offen und achtsam gegenüber Betrieb, Mensch und Umwelt verhält. Wenn es kriminelle Machenschaften unterbindet und das Management nicht von den Regeln ausnimmt.

Ein Unternehmen ist „gut", wenn es die Entwicklung der Mitarbeiter berücksichtigt. Wenn es den Menschen entsprechend seiner Fähigkeiten und Möglichkeiten fördert und dabei auch die verschiedenen Lebensphasen und Lebensmodelle berücksichtigt. Es muss dabei die Chance auf Veränderung bieten, ohne ständig neue Jobtitel zu verschenken und somit den Konkurrenzkampf anzuheizen. Eine fachliche Karriere muss es also genauso wichtig akzeptieren wie eine Management-Laufbahn. Davon sind die meisten Konzerne weit entfernt. Absolventen werden teilweise ausschließlich danach ausgesiebt, ob sie sich für eine Managementlaufbahn eignen. Die Folge sind von lauter kleinen Managern gespickte Firmen, die wegen ihrer vielen Schichten und Hierarchien unbeweglich und steif geworden sind.

Es muss – das ist der Tipping Point – nur eine Kleinigkeit geschehen: Unternehmen, die keine ethischen Werte vertreten (und das Heucheln der Kommunikationsabteilungen allein schafft noch keine Wertekultur!), müssen „uncool" werden. Es muss sich unter den Absolventen herumsprechen, dass es angesagt ist, bei einem werteorientierten Unternehmen anzuheuern, auch wenn dies keinen großen Namen besitzt oder keine bekannte Marke vertritt.

Wie schnell sich Trendwenden vollziehen können, zeigt die kurze Spanne von 2000 bis heute. Waren Anfang des Jahrtausends winzige Start-Ups eine ausreichend attraktive Erfolgsbasis für junge Karrieristen, gelten heute (wieder) die großen Markennamen als Non-Plus-Ultra. Doch die Generation der Opportunisten ist wechselhaft und untreu. Das ist gut: Bleiben die Bewerber aus, führt das zu mangelnder Wettbewerbsfähigkeit, die mangelnde Wettbewerbsfähigkeit zum Sieg des Stärkeren. Und in dem Moment, wo dieser „Stärkere" das offene, werteorientierte Unternehmen ist, haben die Guten gewonnen.

Dann kehren die Massen um und bewerben sich plötzlich bei jenen, die derzeit nicht im Bewerbungsberg versinken. Die jetzt uncoolen Unternehmen werden dann schon merken, dass die Zeiten sich verändert und der Wind sich gedreht hat. Sie werden sich ändern müssen, auch weil sonst die besten Arbeitskräfte abwandern – zu einer namenlosen Konkurrenz, zu kleinen und mittleren Unternehmen wie damals zu den kleinen und namenlosen Start-Ups!

Die Massen müssen sich einfach nur ein bisschen so verhalten wie Gabriele Fischer.

Einer der wichtigsten und am meisten missachteten Werte ist Ehrlichkeit. Nicht nur die Unternehmen müssen ehrlich sein. Es ist Pflicht des Staates, die Forderung nach Vollbeschäftigung aufzugeben. Es müssen nur noch ein paar mehr Menschen aussprechen: Vollbeschäftigung gibt es nicht in einer Wissensgesellschaft. Die

Wissensgesellschaft ist dazu da, Menschen von der Arbeit zu befreien.

Ehrlich sein bedeutet, offen auszusprechen, wie es ist: Es ist nicht wahr, dass Mitarbeiter in einem Betrieb alt werden können. Globale Unternehmen können dies nie mehr gewähren, zu schnell verändern sich die Rahmenbedingungen in der Weltwirtschaft.

Lebensabschnittspartner sind längst Realität und haben die lebenslange Bindung weitgehend abgelöst. Unternehmen sind Berufsabschnittspartner, zeitweise Begleiter, nicht mehr und nicht weniger. Es muss keine Bindung auf Lebenszeit geben – ja, für die eigene fachliche und persönliche Entwicklung sind Karriereetappen von drei bis fünf Jahren viel besser, bringt jede neue Herausforderung doch auch neue Motivation und Energie. Mit wechselnden, ungebundenen Mitarbeitern sind Blockaden seltener und auch Veränderungen leichter möglich, die in der Wissensgesellschaft Tagesgeschäft sind. Berufspausen müssen so normal werden wie ein Singleleben und ein Geschenk des Freizeitüberschuss.

Dies offen zu kommunizieren ist ein erster wichtiger Schritt. Bisher wird so getan, als sei die Laufbahn innerhalb eines Unternehmens das absolut Erstrebenswerte. Aus diesem Grund beförderten zahlreiche Unternehmen lange nur interne Mitarbeiter und niemanden von außen. Jetzt befinden sich einige dieser Konzern selbst in einer Abbauphase, die Versprechen von einst erweisen sich als Bumerang, denn sie lassen Mitarbeiter in besonderem Maße am Unternehmen kleben. Je mehr Vergünstigungen, je höhere Gehälter, je mehr Verantwortung und personalpolitisch hochgeputschte Egos, desto weniger werden Mitarbeiter auch mit dicken Abfindungen in der Tasche bereit sein, freiwillig das Unternehmen zu verlassen. Die Scheidungsraten sind nicht ohne Grund in jenen Ehen niedrig, in denen die Bindung an die eigene Scholle groß ist: Hausbesitzer bleiben eher zusammen, weil der Besitz sie bindet. Der Umkehrschluss liegt nahe: Je mehr Pfründe ein Mitarbeiter ansammelt, desto schwerer trennt er sich. Es gilt also, Besitz zu vermeiden.

Ich habe die Vision von externen oder internen Karriereberatern, die Mitarbeitern dauerhaft mit Rat und Tat bei beruflichen Veränderungswünschen auch außerhalb der Firma zur Seite stehen: Welches

Unternehmen passt besser zu einer neuen Lebensphase, wo lässt sich Wissen besser oder passender zur aktuellen Phase – zum Beispiel zur Familienzeit – einsetzen? Diese Karriereberater könnten sich frei bewegen, denn jeder Mitarbeiter weiß, dass er nur zeitweise Gast in dem Unternehmen ist. Gegenüber einem neuen Typ von Vorgesetzten, der Mitarbeiter nicht als Besitzstand und Machtpegelanzeiger betrachtet, lässt sich dies auch offen kommunizieren.

Und wenn all das nichts nützt oder es zu lange dauert, bis der Wind sich dreht, bleibt nur eines: die Selbstständigkeit. Wer sich entscheidet Unternehmer zu werden, hat die einzigartige Chance alles anders und alles besser zu machen. Das ist dann mehr als ein Aus-Weg, es ist die Lösung.

Anhang I – Branchenbarometer: Jeder-gegen-jeden-Faktor

Wie geht es in den Unternehmen der einzelnen Branchen zu? Wie heftig sind die Klassenkämpfe, wie offensiv ist das Hauen und Stechen? Der folgende Überblick gibt nur einen Einblick – und selbstverständlich bestätigen gute Ausnahmen wie überall die schlechte Regel. Generell gilt: Je größer das Unternehmen, desto eher verstärkt sich der beschriebene Trend. Die folgende Bewertung ist völlig subjektiv und aus meiner eigenen Erfahrung abgeleitet. Bei der Interpretation gilt: Je mehr Sterne, desto mehr Hauen und Stechen. Die „Spitzenreiter" des Jeder-gegen-jeden erhalten fünf Punkte.

Automobil

***

Große Unterschiede sollen je nach Unternehmen herrschen. So tauchen bestimmte Unternehmen immer wieder mit negativen Schlagzeilen – Betrug, Mobbing – in den Foren des Internets auf. Bei einem Automobilkonzern sollen Top-Manager höchstpersönlich am Mobbing beteiligt gewesen sein. Seitdem kämpft der Konzern um die Einhaltung einer Verhaltensrichtlinie.

Daneben gibt es aber auch Unternehmen, deren Management sich fair und verantwortlich verhält.

Banken und Versicherungen

****

Die meisten Banken und Versicherungen agieren extrem traditionell und machtorientiert. Hierarchien sind stark, der Führungsstil ist autoritär, Mitarbeiter werden als Untergebene bezeichnet. Status spielt eine große Rolle und ungeschriebene Gesetze dominieren. Mobbing ist in diesem Wirtschaftssektor doppelt so verbreitet wie im

Durchschnitt, so eine Studie der Bundesanstalt für Arbeitsschutz und Arbeitsmedizin.[70]

Die meisten Unternehmen dieses Sektors sind stark machtorientiert. Befördert werden nicht die Menschen mit den besten sozialen Fähigkeiten, vielmehr haben Intrigenspinner und Lobbyisten gute Chancen weiterzukommen. An Regeln hält sich die oberste Führungsriege nicht, es gibt keine bekannten positiven Vorbilder in der Bankenbranche. Ausnahmen bestätigen die Regel: Gerade kleinere Versicherungen widersetzen sich dem Branchentrend.

Einzelhandel

****

Aus dem Einzelhandel kommen besonders viele negativ auffällige Unternehmen: Ikea, Schlecker, Lidl, Aldi, Hennes & Mauritz. Dies hat sicher einerseits mit der sehr aktiven Gewerkschaft Ver.di zu tun, die das interne „Unwesen" an die Öffentlichkeit zerren, andererseits aber auch mit der gegebenen Öffentlichkeit dieser Unternehmen, die als Einzelhandelsketten fast jeder Bürger von innen kennt. Vom unfreundlichen Blick an der Kasse lässt sich eben leicht auf Unkultur schließen. Ein weiterer Grund für den hohen Jeder-gegen-jeden-Faktor ist der besondere (Preis-)Druck dieser Firmen, an dem der Kunde nicht unschuldig ist. Die starke Hierarchie im Verkaufsbereich tut das ihrige. Druck wird gern weitergegeben, weil der Filialhandel vor allem auf Zahlen getrimmt wird – und leider zu wenig auf die Vermittlung eines positiven Leitbildes. Da bringt es wenig, dass im Einzelhandel oft mit der Macht der Verzweiflung geschult wird und Leitbilder auf Papier vermittelt. So lange sich Mitarbeiter darüber totlachen, weil Anspruch und Realität so weit auseinanderklaffen, nutzt das alles nichts.

Dass es trotz der verschärften Marktbedingungen und der erhöhten Öffentlichkeit im Einzelhandel anders geht, zeigen die ebenfalls überwiegend dem Handelssektor zugehörigen Positivbeispiele wie dm und des bereits erwähnten Budnikowsky.

IT und Telekommunikation

***

Es menschelt in der IT häufiger als in anderen Branchen, angloamerikanischer Stil und Lockerheit dominieren. Status und Machtorientiertheit gibt es auch, jedoch sind diese ganz ohne Frage deutlich weniger ausgeprägt als in der Bankenwelt.

Grundsätzlich ist die Stimmung in Unternehmen, die stark von den Abbauwellen der Jahre 2001 bis 2003 betroffen waren oder vor solchen Wellen stehen, schlechter als im Branchendurchschnitt. Zudem hat die Telekommunikationsbranche größere Krisen zu bewältigen und ist daher anfälliger für Konflikte als die klassische IT – zu der etwa Unternehmen wie SAP zählen, die sich durch eine positive Unternehmenskultur auszeichnen. Auch die Halbleitertechnologie ist eher von Krisen betroffen und weist nach meinen Recherchen einen höheren Jeder-gegen-jeden-Faktor auf.

Nahrung und Genussmittel

***

Die meisten Unternehmen dieser Branche sind eher konservativ geprägt, das heißt, mit vielen Hierarchien versehen. Gleichwohl wurden auch in dieser Branche in den letzten Jahren vermehrt mittlere Führungsschichten entlassen.

Trotz der Konservativität ist dieser Industriezweig dennoch modern und wegen der vielen angesehenen Marken, die Unternehmen wie Ferrero, Procter & Gamble oder Unilever produzieren, sehr beliebt bei Absolventen. Die Marken verführen zugleich aber auch zu sehr starker Abteilungsdenken und separatistischen Tendenzen, bei denen die Entwicklung des Unternehmens als Ganzem oft aus dem Blickfeld gerät.

Unternehmen der Branche balancieren zudem zwischen dem Versuch, als nachhaltig aufzutreten und zwischen öffentlicher Anklage. Der Multinational Monitor (www.multinationalmonitor.org) hat beispielsweise den Big Player Procter&Gamble bereits mehrmals auf seine jährlich neu erstellte Liste der zehn miesesten Unternehmen weltweit gesetzt.

Medien

*****

Kaum eine Branche ist so launisch wie die Medien. Heute freundlich, morgen unausstehlich – davon können Angestellte und Freiberufler ein Lied singen. Gleichzeitig ist die persönliche Bindung sehr stark, denn gerade die Kreativen in den Medien lieben ihre Arbeit sehr, was sie abhängig macht und anfällig für Ausbeute seitens der Arbeitgeber. Diese ließen die in den letzten Jahren Honorare ins Bodenlose fallen und kündigten Angestellten, um sie als billigen August einer neu gegründeten Gesellschaft für die Hälfte wieder neu einzustellen. Die Liebe zur Arbeit sorgt aber auch für einen erhöhten Konkurrenzdruck. Denn wo jeder ums eigene Überleben kämpft und keine Führungskräfte da sind, die solche Kämpfe durch Nichtdulden ins Leere laufen lassen, geht das Hauen und Stechen teilweise deutlich unter die Gürtellinie.

Bestimmte Segmente und Abteilungen fallen zudem durch eine Überdosis Arroganz auf, hinter der der implizite Gedanke steht, etwas Besseres zu sein.

Ähnlich wie in der Werbebranche gibt es auch in den Medien viele „auserwählte Gemeinschaften“, die nach einem negativen Prinzip funktionieren. Auch hier finden Führungskräfteentwicklungen selten entlang der persönlichen Führungskompetenz statt. Voran kommen vielmehr vor allem die, die den größten Einfluss haben, sich am engagiertesten durchsetzen und sich am besten nach oben verkaufen.

Unternehmensberatungen

****

„Consulting-Unternehmen sind schon ganz schön unmenschlich“, sagt einer, der KPMG und McKinsey von innen kennt. Allein die Rahmenbedingungen verhindern jede Work-Life-Balance: Bis zu fünf Reisetage pro Woche und oft mehr als 2 000 Flugkilometer im Monat lassen sich mit keiner Familie und auch mit der Gesundheit nur vorübergehend vereinbaren. Geblendet wird mit Manschettenknöpfen als Statussymbol, gekämpft mit der ganzen Palette an

Waffen, die intelligenten Karrieristen zur Verfügung stehen: sich ein wenig besser kleiden als es auf dieser Ebene üblich ist, den Wunsch nach Fortkommen gegenüber den Chefs signalisieren, das eigene Licht ins Rampenlicht stellen und das des Kollegen ausknipsen. Selbst mit „geckenhaftem Auftreten“ (so ein Ex-Berater) bei minimalem Know-how klettern Consultants die Leiter hoch. Dabei steht das eigene Fortkommen ganz klar über den Kundenwünschen: Wenn es gut für die Karriere ist, wird das Projekt zur Not aufgebauscht. Ein absolutes Entgleisen des Benehmens wird jedoch durch die in der Regel ausgeprägte Kommunikationsfähigkeit der Berater und einen modernen offenen Kommunikationsstil verhindert. Da Consultants überwiegend beim Kunden arbeiten, wissen sie sich eloquent und vorsichtig auszudrücken. Dafür tobt der Machtkampf hinter den Kulissen – genährt auch von harten Auswahlprozeduren, die nur die Creme weiterkommen lässt.

Werbeagenturen

*****

„Wenn jemand abends nach 22 Uhr auf dem Rücksitz weint, kommt er von Jung von Matt“, sagen Taxifahrer in Hamburg. Die Werbebranche ist der Wirtschaftszweig mit den meisten Cholerikern, bestätigen alle, die je bei Agenturen gearbeitet haben. Exzentrik wird als zulässiges Nebenprodukt von Kreativität geschätzt, weshalb Wutausbrüche, Anschreien und Türenknallen keineswegs als schlechter Stil gelten. Dabei wirkt die alte Regel: Je exzentrischer der Chef, desto exzentrischer sind auch seine Führungskräfte und desto zügelloser im Umgang mit den Kollegen sind die Mitarbeiter.

Wie in der Medienbranche so wird auch bei Werbern keineswegs derjenige befördert, der Führungsfähigkeiten mitbringt, sondern der, der zuvor gute Leistung gebracht hat und sich zudem dem Chef gegenüber gut verkauft. Entsprechend werden Führungseigenschaften auch nicht geschult. Es kommt derjenige voran, der sich und seine Ideen am besten verkaufen kann.

Soziales

*****

Bis zu dreimal so viel Mobbing wie in anderen Branchen gibt es im sozialen Bereich. Das hat einerseits mit der hohen Frauenquote (Frauen sind nachweislich eher Opfer von Mobbing), andererseits sicher mit dem extrem hohen Stresspegel – beispielsweise in Krankenhäusern – zu tun. Die schwierige Umgebung (Krankheit, Randgruppen et cetera) belastet zusätzlich, das alles lässt moralische Grenzen sinken, auch wenn es paradox klingt.

Es wird wenig zur Fortbildung von Führungskräften getan, Hierarchien sind fachlich geprägt und nicht durch Managementqualitäten. So sitzen sehr viele Personen in leitenden Funktionen, die dort aufgrund ihrer fehlenden sozialen Fähigkeiten nicht hingehören. Da der soziale Bereich häufig öffentlich ist, greift hier die behördliche Beförderungspolitik: Weiter kommt nicht der mit den besten Fähigkeiten, sondern der, der „dran" ist.

Anhang II – Die Jeder-gegen-jeden-Kuriositätensammlung

Hauen und Stechen sind Alltag, bestimmte Aktionen dagegen muten trotzdem noch ganz schön kurios an. Eine kleine, zufällige Delikatessen-Auswahl:

Mobbing Pflicht

„(...) Arbeitszeit von 7:00 bis 21:00 Uhr, wenn Inventur ist bis 1:00 Uhr, keine Mittagspause. In unregelmäßigen Abständen erfolgt eine Rucksack- oder Kofferraumdurchsuchung. (...) Nach dem Traineeprogramm bist du auch verantwortlich für Personal. Das bedeutet aber wirklich verantwortlich. Bauen deine Leute scheiße, bist du dafür dran. (...) Mobbing sollte einer deiner Jobs sein.

Quelle des Erfahrungsberichts: www.wiwi-treff.de

Auswendig lernen gehört zum Job!

Erstens, zweitens, drittens: Ein Schuhhersteller zwang seine Mitarbeiter, die zehn Leitlinien im Umgang mit den Kunden auswendig zu wiederholen. Und das laut und vor den Augen des Filialleiters. Wer dies nicht konnte, musste „Nachsitzen“ – Überstunden leisten.

Quelle: Informantin aus dem Unternehmen

Blumen verboten

Ein Unternehmen der Telekommunikationsbranche verbot seinen Mitarbeitern Blumen in den Büros. Grund: Die Zeit, die die Mitarbeiter mit Gießen und der Pflege verbrächten, würde etwa einen Arbeitstag im Jahr kosten. Auch das Betrachten der Pflanzen auf Schreibtisch oder Fensterbank lenke nur ab.

Quelle: eigene Recherchen, Ex-Mitarbeiter dieser Firma

Ferrari – nur für Top-Manager

Ein Referent in einem weltweit bekannten Konzern der Getränkemittelindustrie kaufte sich einen roten Ferrari und erfüllte sich damit einen Traum. Stolz fuhr er damit zur Arbeit. Schon am nächsten Tag wurde er zum Management zitiert. Dieser verbot ihm mit dem Auto zur Arbeit zu kommen. Ein Ferrari sei seiner Position nicht angemessen. Wenn er noch einmal mit dem Ferrari zur Arbeit käme, würde er gekündigt werden.

Quelle: Erzählungen eines Mitarbeiters

Geldbeute

Eine Bäckereikette zahlt trotz Arbeitsvertrag grundsätzlich keine Gehälter an seine meist weiblichen Mitarbeiter. Nach spätestens drei Monaten kündigen diese zwar, aber weniger als die Hälfte zieht vor Gericht. So spart der Inhaber – der keine finanziellen Probleme hat – einen Großteil der Gehälter ein.

Quelle: Mitarbeiterin der Kette

Mitarbeiter zahlen Berater-Zeche

Ein mittelständisches Unternehmen mit 300 Mitarbeitern schaffte es, seine Mitarbeiter zu überzeugen zum Wohl des Unternehmens und als Investition in die eigene Zukunft auf Urlaubs- und Weihnachtsgeld zu verzichten. Das sparte drei Millionen Euro. Kurze Zeit später wurde eine Unternehmensberatung ins Haus geholt, die genau diese eingesparten drei Millionen kostete – 10 000 Euro pro Mitarbeiter. Eine Summe, die normale Arbeiter nie wieder hereinholen können.

Quelle: Informant

Nicht mehr als blonde Haare und lange Beine

Die Diskriminierung von Frauen ist in Werbeagenturen ebenso an der Tagesordnung wie cholerische Anfälle. Da werden Konzepte vor den Augen der Mitarbeiter zerrissen. Eine Designerin musste sich daraufhin anhören, dass sie ja wohl nicht mehr zu bieten hätte als blonde Haare und lange Beine. Besonders gern lästerten auch die männlichen über die weiblichen Führungskräfte, die nur aus zwei Gründen so weit gekommen sein könnten: weil sie sich nach oben geschlafen hätten oder besonders hässlich seien.

Quelle: Eigene Recherchen, Mitarbeiter aus verschiedenen großen Agenturen

Sparmanie – im Dunkeln arbeiten

Lieber im Dunkeln arbeiten, auch wenn man dann nur die Hälfte sehen kann: Um Geld zu sparen, beschloss der Geschäftsführer eines großen Unternehmens der Technologiebranche nur noch jede zweite Neonröhre brennen zu lassen. Ein Spareffekt von mehreren tausend Euros.

Quelle: Informant

Pseudo-Beförderung zur Abfindungsvermeidung

Eine sehr beliebte Methode, um unliebsame Mitarbeiter loszuwerden und vor allem im Mittelstand verbreitet, ist die Beförderung. Dabei werden ehemalige angestellte Führungskräfte z.B. zu Geschäftsführern gemacht und erhalten einen neuen Vertrag mit kurzen Kündigungsfristen. Da sich die Beförderten in Sicherheit wiegen, unterschreiben sie gerne – um kurze Zeit später die Kündigung zu erhalten. Eine der preiswertesten Methoden, hohe Abfindungen zu vermeiden.

Quelle: Informant

Faul

Eine Mitarbeiterin hatte mehr als neun Jahre einen gut bezahlten 40-Stunden-Job für eine Aufgabe, die es eigentlich gar nicht gab. Da der Chef aber keine Ahnung von EDV hatte, konnte sie ihm Probleme zeigen, wo keine waren. Teilweise manipiulierte sie das Computersystem, um sich selbst Arbeit zu beschaffen. Den Rest der Zeit surfte sie im Internet.

Quelle: Informant

Kleiner Betrüger?

„(...) habe vor einem Jahr ungefähr mit sechs anderen Arbeitskollegen beim Tag der offenen Tür ausgeholfen, den unser Arbeitgeber veranstaltet hat. Beim Aufräumen am Ende haben wir einen Karton gefunden mit Fahrkarten drin. Sie sahen auch nicht gerade echt aus. Keiner wusste, warum der einfach so zwischen leeren Kartonhaufen rumlag. Jeder Kollege hat sich davon einige mit genommen, unter anderem auch ich! Als wir herausbekamen, dass die Fahrkarten echt waren, habe ich sie zum größten Teil bei e-bay versteigert. Die anderen Kollegen haben sie so verbraten oder an ihre Familie weitergegeben. (...)"

Quelle: www.uni-protokolle.de /foren

Was ist Ihnen passiert? Die Autorin freut sich über Erfahrungsberichte. Bitte senden Sie diese an hofert@karriereundentwicklung.de

Dank

Herzlichen Dank für Unterstützung durch Tipps und Gespräche an:

- Michael W. Felser, Arbeitsrechtler, www.felser.de
- Jens Hollmann, Change Management Berater von Pro Result, www.proresult.de
- Axel Janßen, Deutscher Verband Coaching und Training, www.dvct.de
- Fred M. Müller, Professor für Organisationspsychologie an der Universität Koblenz-Landau
- Ulf. D. Posé, Vorsitzender des deutschen Ethikrates e.V.
- Gregor Schönborn, Unternehmensberatung Deep White GmbH, www.deepwhite.de
- Kamuran Sezer, Wirtschafts- und Zukunftsberatung Futureorg, www.futureorg.de
- Kenan Tur, Vorstandsvorsitzender der Business Keeper AG, www.businesskeeper.de
- Martin Wachtler, Wirtschaftsdetektei Axom International, www.axom-hamburg.de
- Marc Wethmar, Unternehmensberater von Kernconsult, www.kernconsult.ch

Und viele andere, die wissen, dass ich sie meine.

Anmerkungen

1 Der Begriff der Generation X. entstammt dem gleichnamigen, 1992 erschienenen Buch von Douglas Coupland. *Die Generation X.*, Twentysomethings in den 80ern und frühen 90er Jahren gilt als Vorläufer der eher statusgeprägten „Generation Golf".

2 Peter Glotz: „Was, wenn die Arbeitslosigkeit bleibt?" FAZ, 12.5. 2005

3 Peter Glotz: „Freiwillige Arbeitslosigkeit?" Ein Essay aus dem Jahr 1984, www.archiv-grundeinkommen.de

4 Als White-Collar-Kriminalität bezeichnet man die kriminellen Handlungen der (höheren) Angestellten vom Bilanzbetrug bis zur Bestechung. Im Gegensatz zu Blue Collar, der Kriminalität der Arbeiter oder einfachen Angestellten, zum Beispiel Diebstahl.

5 http://www.hvbgroup.com/system/galleries/download/aboutus/code_of_conduct.pdf

6 „Autofirmen gehen gegen Korruption vor", *Financial Times Deutschland,* 31.Juli 2006

7 Solche Unternehmen kaufen Firmen billig ein, um sie dann in wenigen Jahren wirtschaftlich hochzupäppeln (was Abbau und Umstrukturierung einschließt) und dann weiterzuverkaufen.

8 In: *Erfolg in Zeiten des Wandels,* BMW im Gespräch 2005/2006, Hoffmann & Campe

9 Ulrich Hemel: *Wert und Werte.* Hanser 2005

10 Diese Aussage bezieht sich auf 2003, Quelle: www.boozallen.de

11 Siehe Kapitel „Die Perfekt AG gibt es nicht"

12 Dirk Schütz: *Gierige Chefs. Warum kein Manager mehr als zwanzig Millionen wert ist.* Orell Füssli 2005

13 Thomas Middelhoff in seiner Zeit als Vorstandsvorsitzender der Bertelsmann AG im Interview mit Ralph Geisenhanslücke, *Die Zeit,* Mai 2001

14 Kramer, R.M.: „Trust and distrust in organizations: Emerging perspectives, enduring questions". In: *Annual Review of psychology,* 50, pages 569-598

15 Greenberg, J. (1990): „Looking fair vs. being fair: Managing impressions of organizational justice", in: *Research in organizational behaviour*, 12, pages 111 to 157

16 www.corporate-governance-code.de

17 Günter F. Müller: „Faire Entscheidungsverfahren – Vertrauensgrundlage in Unternehmen", in: Klaus Götz (Hrsg.): *Vertrauen in Organisationen*, Rainer Hampp Verlag, München und Mering 2006

18 Gerhard Blickle: *Karriere, Freizeit, Alternatives Engagement*. Hampp Verlag 1999

19 Der Psychiater beschrieb 1941 den Psychopathen. Der Begriff wird allerdings heute kaum noch verwendet. Statt dessen sprechen Fachleute von der anti-sozialen oder dissozialen Persönlichkeitsstörung.

20 Marc Brost: „Mensch, Ackermann", in: *Die Zeit*, 2005

21 Paul Babiak: „Snakes in Suits", freie Übersetzung des 2004 im *New Scientist* erschienen Artikels.

22 Klaus Werle: „Sind Sie ein guter Chef?", in: *Manager Magazin*, 22.10.2004

23 Florian Festl: „Sponsor und Politiker verdächtigt", Focus Online, 8.05.2006

24 Dirk Kurbjuweit;: *Unser effizientes Leben. Die Diktatur der Ökonomie und ihre Folgen*. Rowohlt 2003

25 Marco Dalan: „Manager unter Mobbing-Verdacht", Die WELT, http://www.welt.de/data/2005/12/19/819914.html?prx=1

26 www.mobbing-gegner.de, Seite, Wiki und Forum von Detlev Lengsfeld

27 Quelle: Forum in Wer weiß was, www.wer-weiss-was.de

28 Wolfgang Schur: *Wahnsinnskarriere*, Eichborn 2006

29 Peter Knechtli: „Volkssport Betrug – der Beutezug der Arbeitnehmer", in: Onlinereports.ch 1999

30 Ulrich Viehöver: *Die Einflussreichen. Henkel, Otto und Co. – Wer in Deutschland Geld und Macht hat*. Campus 2006

31 In ihrer Ausgabe am 22.5.2006 („Nici-Gründer gesteht Bilanzbetrug")

32 Ulrich Hemel: *Wert und Werte*. Hanser 2005

33 Phillip Longman: *The empty cradle*, Basic Books 2004

34 „Erfolgsgeschichten Babette Sievers", in: *Karriere*, Ausgabe 8/2006

35 Winfried Berner: Reorganisation. Über die Eigendynamik von Strukturen, 2001, www.umsetzungsberatung.de

36 Lutz von Rosenstiel u.a.: *Organisationspsychologie*, Kohlhammer/Urban, 9. Auflage 2005

37 Frank L. Schmidt: „The Validity and Utility of Selection Methods in Personal Psychology: Practical and Theoretical Implications of 85 Years of Research Finding“, im: *Psychological Bulletin* 1998, Vol. 124, Nr. 2, S. 262-274

38 Entwickelt vom Team Psychologie und Sicherheit Partnergesellschaft, weitere Infos unter www.integritaetstest.org

39 Gerhard Blickle: *Karriere, Freizeit, Alternatives Engagement. Empirische Studien zum psychologischen Kontext von Berufsorientierungen.* Hampp 1999

40 Rüdiger Barth/Norbert Höffler: „Globaler Spieler“, Interview mit Herbert Hainer, *Stern* Nummer 20/2005

41 Verschiedene Quellen, zum Beispiel Gartner Group, www.gartner.com, Uni Kiel

42 „Gutmenschen sind Menschen, die aus Realitätsverlust die Welt zum Besseren wenden wollen, tatsächlich aber mit ihren Taten alles schlimmer machen“, siehe Diskussion in www.politikforum.de

43 Peter Knechtli: „Volkssport Betrug – der Beutezug der Arbeitnehmer“. In: Onlinereports.ch 1999

44 Svenja Hofert, *Bewerben ohne Bewerbung*, Eichborn, 2. Auflage 2006

45 „Schwere Zeiten für Schlecker“, in: *Die Welt*, 5. April 2005

46 Erich Prochnow: „Gewinn für die Gesellschaft“, in *Impulse*, 11/2005

47 Martin Ax: „Budni. Führungskräfte verzweifelt gesucht.“, in *Die Welt*, 25.6.2005

48 Jeanette Hoffmann: „Digitale Unterwanderungen: Der Wandel im Innern des Wissens“, in: Aus *Politik und Zeitgeschichte*, B36/2001

49 Rainer Roth auf einem Vortrag Forum Gewerkschaften Kassel, DGB-Region Nordhessen, DIDF und Kasseler Erwerbsloseninitiative Kassel 21.April 2006

50 Zitiert in: Wolf Lotter: „Der Lohn der Angst“, *Brand Eins*, 7/2005

51 Thomas Straubhaar im Interview: „Wir haben keine andere Wahl“, Brand Eins 7/2005

52 Martin Brussig: *Der Altersübergangsreport.* Institut für Arbeitsmarktforschung 2005

53 Peter Glotz: „Was, wenn die Arbeitslosigkeit bleibt?" *FAZ,* 12.5. 2005

54 Quelle: www.landundforst.de

55 Wolf Lotter: „Der Lohn der Angst". In: *Brand Eins,* 7/2005

56 Damar Recklies: „Mitarbeiter – ist Engagement für Unternehmen tot?", in: *The Management,* www.themanagement.de

57 Berner, Samuel: *Reaktionen der Verbleibenden auf einen Personalabbau.* Dissertation Nr. 2248 der Universität St. Gallen über Dr. Samuel Berner, Rütlistrasse 15, CH-8307 Effretikon

58 EU-Dienstleistungsrichtlinie: Fluch oder Segen? Gulp, www.gulp.de, 11/ 2005

59 Begriff nach Generation X von Douglas Coupland, siehe Anmerkung 1

60 „Was ist gute Arbeit? Anforderungen aus der Sicht der Erwerbstätigen". Initiative Neue Arbeit und Qualität, www.inqua.de

61 Monika Eigenstetter: *Verantwortungsvolles Handeln als Auswahlkriterium in der Personalauswahl.* Universität Regensburg, Goldmann 2001

62 Udo Ulfkotte: *Wirtschaftsspionage,* Goldmann, 2001

63 (Keine Autorennennng): „Aufrichtige Anerkennung", in: *Financial Times Deutschland,* 7.7.2006

64 Unternehmensethik, Transparency International, www.transparecny.de

65 So nennt man Menschen, die auf Missstände und Betrug hinweisen

66 „Wendelin Wiedeking, Ein Rezept für Deutschland", im *Hamburger Abendblatt,* 7.04.2000

67 ebenda

68 Values for successful leadership: PepsiCO CEO Steve Reinemund, www.harbus.org

69 Michael Prellberg: „Gabriele Fischer – die Brand-Stifterin", in *Financial Times* 26.3.2003

70 „Mobbing in Zahlen und Fakten" und „Wenn es Kollegen Feinde werden", beides zu finden unter www.baua.de

Literatur

Gladwell, Malcolm: *Tipping Point. Wie kleine Dinge Großes bewirken.* Goldmann 2002

Dirk Kurbjuweit: *Unser effizientes Leben. Die Diktatur der Ökonomie und ihre Folgen.* Rowohlt 2003

Hemel, Ulrich: *Werte und Werte.* Hanser 2005

Svenja Hofert: *Bewerben ohne Bewerbung,* Eichborn, 2. Auflage 2006

Klaus Götz (Hrsg.): *Vertrauen in Organisationen,* Rainer Hampp Verlag, München und Mering 2006

Klauk, B./Stangel-Meseke, M.: *Mit Werten wirtschaften – Mit Trends trumpfen.* Papst Science Publishers 2006

Leif, Thomas: *Beraten und verkauft.* W. Bertelsmann 2006

Phillip Longman: *The empty cradle,* Basic Books 2004

Müller, Albrecht: *Machtwahn. Wie eine mittelmäßige Führungselite uns zugrunde richtet.* Droemer 2006

Posé, Ulf. D./Lay, Rupert: *Die neue Redlichkeit.* Campus 2006

Rosenstiel, Lutz von/Molt, Walter/Rütinger, Bruno: *Organisationspsychologie.* Kohlhammer, 9. Auflage 2006

Schur, Wolfgang /Weick, Günter: *Wahnsinnskarriere.* Eichborn, 2. Auflage 2005

Dirk Schütz: *Gierige Chefs. Warum kein Manager mehr als zwanzig Millionen wert ist.* Orell Füssli 2005

Seifert, Werner G.: *Invasion der Heuschrecken.* Econ 2006

Selenz, Hans-Joachim: *Schwarzbuch VW.* Eichborn 2005

Werner, Klaus/Weiss, Hans: *Das neue Schwarzbuch Markenfirmen.* Ullstein 2006

Stichwortverzeichnis